上課嚕！

舞麥！

麵包師的12堂課

張源銘（舞麥者）著

推薦序——來自楊儒門

怎麼認識舞麥者，我也忘了。

今天和工作伙伴在討論的時候，好像是認識許久的朋友。一開始討論到「窯」的製作，一種是「披薩窯」，比較簡單，因為是明火在烤，窯的製作簡單就好，市集也為了在市集舉辦期間，能和消費者有互動和講述，蓋了「行動窯」帶來市集和大家分享與遊戲，但是總覺得不是很理想。認識舞麥者後，參觀位於基隆暖暖的「舞麥窯」，才發現，蓋一座「麵包窯」是專業的作為，要經過計算、規劃才可以達到要求。光磚頭就有耐火磚、保溫磚、斷火磚……等等，不是我們自己想像的如此容易，又上了一課。

而關於農產品的加工和入菜，想了許久，發現嘗試和創新都不是容易的事。現在大部分的農友都有一定的年紀，新的概念接受度不高，需要有新血的加入。像市集也研發「蓮子銀耳湯」，口感很好，但是在瓦斯的費用上是很大的支出，和舞麥者討論後，用保溫磚做了「地瓜窯」之後，大大減少燃料支出，雖然還不可以販售，但是至少向前了一步！

當舞麥者提出依季節製作紫米地瓜麵包、南瓜起司麵包、香蕉紅棗麵包、柑橘麵包的時候，讓我眼睛為之一亮。或許在生活之中的許多可能，都可以被實現，只是我們願不願意而已！

推薦序——來自王傑

認識舞麥者，應該是四年多以前的事了吧。但仔細看了書中的內容，才發現，故事應該是在很早以前就開始了。原來，生長在台灣中部山區農村的舞麥者，也有著啃山東饅頭的兒時回憶，和我記憶中熱騰騰饅頭的回憶應當是相去不遠的。

不如這麼說吧，你吃什麼東西長大，就是什麼人。我是小時候必需要窩在棉被裡，抱著麵團，用我的體溫讓它發酵，來做成饅頭的……麵粉人。

我兒時的生活中，摻雜了很多有關於麵粉以及發粉的記憶，這些記憶，讓我可以很容易對於舞麥者的工作產生認同，那是一種飲食文化的認同感。

當然，談到文化這話題，就難得善終，但簡言之，文化是需要薄薄的、一層層若有似無積累的。但對於大多數人的麵包認知還停留在「蔥麵包」或「巴搭胖」(Butter pan)的狀況來說，當真實面對舞麥窯烤麵包時，那絕對是個全然的文化衝擊，畢竟，真的是有人連怎麼吃，或由什麼地方咬下第一口都沒個頭緒，因為我們大部份的人都是從小吃著鬆軟大米長大的……稻米人。

所以，當我將這本書認定為稻米人所寫的一本麵包書時，各位就可以看出本書的重要性了。

舞麥者在基隆成功培養出本地的酵母菌種時，其實就已經旗幟鮮明的樹立了本島麵包的個性了。他以台灣師父，台灣建材砌的磚窯，以台灣食材以及他本身所擁有的農村文化背景，融入麵包製作之中，也在若有似無中，鍛造了一個只有台灣才有的獨特口味。舞麥窯麵包，對我來說，那是一種有如舞麥窯所在的基隆潮濕山谷中，長年不散的苔鮮清香，混合著台灣農村氣味，以及歐洲回憶的味道，迷人的組合，不是嗎！

所以，何不讓我們跟著舞麥者的足跡，來趟窯烤麵包之旅！

自序——舞麥者。張源銘

做麵包，是我人生的偶遇，卻是一個重要轉折，像一個不刻意相遇的女生，卻不小心愛上她，好像要一起走一輩子。

回想，從第一次自養酵母要做饅頭到現在，確實有多久了，真得記不清楚，有時，我會以取得海大海法所學位那一年做參考點，只是到底是那一年，一樣是模糊的。也就是說，在人生道路上，這一個點沒有特別刻意，像是不小心闖進麵粉與酵母的世界。也就是沒那麼的刻意，做麵包對我來說，就沒有世俗該有的壓力，我只是有點不服輸，又有點愛烹飪這玩意兒。說不服輸是回想四十多年的生涯，第一個職業是為人師表，雖然不長，在陽明山國小四年，中山國小兩年。後兩年在中山國小，因為當科任兼文書行政工作，對學生幾無記憶。

倒是記得假日值班，總會盡責巡邏教室，因為當時教室屢被畢業校友放火，有次，我就看到三個國中生在教室裡點火，衝進教室大聲一喝，或許氣勢驚人，還真鎮住三個小鬼，乖乖的不敢亂動，跟著我到訓導處，再通知家長領回教導。這是學校第一次有值班老師抓到搞破壞的校友，有同事笑我幹麼那麼認真，真的失火就報警，萬一放火的小孩來路不簡單，何必自找麻煩，但我就忍不住。

至於前四年是在當兵前後各兩年，第一年是菜鳥，或許是一場糊塗，第二年的學生現在還會找我，那一年都是賺錢倒貼給學生，帶他們下山看電影，去郊遊烤肉。後兩年是帶五年級到畢業，在校長萬般擔心下，畢業旅行硬要帶他們去頭城露營，希望留下美好的回憶。現在學生在社會裡各有所成，有的結婚還會邀我參加，看來教書生涯也不算失敗。

年近卅，不小心轉行當媒體人，真的像拚命三郎，總要創個紀錄什麼的，只可惜沒拿過新聞獎。不過，跑什麼像什麼，跑警政就像警察，跑司法就像司法官，跑港航也像個航運人。做了麵包之後，從很酸的饅頭、麵包，就是想著怎麼把它變化一下，在沒錢買精密器具下，讓親朋好友們說好吃，重點是不能添加任何非天然材料。也是不服輸，硬是找出溫度和時間差，解決了親朋好友對麵包會酸的批評。其實，我們的麵包離歐美經典麵包店的窯烤天然酵母麵包，還有一大段距離，一樣的，我還在尋找答案及解決之道。

至於喜愛烹飪這玩意兒，我老是覺得大概有老媽的遺傳吧。因為我媽做的傳統年節食品，是村莊裡有名的好吃，小時候，我不吃別人家的粽子或年糕之類的食品，因為就覺得味道不對。師專畢業分發到陽明山國小，自己埋鍋造飯，沒學過如何煮牛肉麵，吃了之後，回宿舍煮一鍋，女朋友吃了，直說讚，連紅燒豬腳也一樣獲得讚賞。一度還炒芥蘭牛肉絲給死黨同學帶便當，他也吃得津津有味。

闖進麵包烘焙世界，真的是喜歡才會不中斷。許多人都夢想開咖啡店、麵包店，做過的人都知道，夢幻的美是表面，背後是大部分的孤寂、勤奮時光。做麵包，當我們把麵粉、水與酵母結合在一起後，就要受制於他，該分割、整型，就不能拖，該進爐烘焙了，慢了就走味沒口感。今天要烤麵包，前一天就要升火、顧火，都走不得，形同被綁架一般。只是做自己喜愛的事，就變成甜蜜的負擔。如果沒有那麼一大點的熱誠，是撐不下去的。

想想，自從想要做饅頭之後，我的週休二日就是做麵包，連年休假也是做麵包，幾乎沒時間帶家人出門遊玩，除了春節長假。

麵包做了這麼久，期間不少人曾探詢我，是否可以教他們做野生天然酵母麵包，一則是忙，一則是難以三言兩語交代，都婉拒他們。最重要的是自己還沒摸索出一套可以簡明傳承的理論。直到去年，有出版社邀稿，我才開始思考如何教人在家做天然健康的麵包。還好，以前當過國小老師，有著教學能力的基礎，從頭到尾檢視自己從養酵母到打麵團、分割、整型再發酵及進爐烘焙，發現，真的不難，所謂「江湖一點訣，講破沒價值。」就斗膽答應了邀稿。不過，我的工作是瞬息萬變的，遇有重大事故就忙翻天，平時也是絞盡腦汁在堆疊文字，寫稿進度就時進時停。還好有出版社拿著鞭子不斷鞭策，舞麥窯的好助手「小雪」全力協助，內人張簡雅紋的監督及幫忙，終於完成這本書。交稿期間，編輯常問我，有沒有什麼想法，我都說沒有。因為，我只想把我知道的，簡明的告訴大家，如果你想在家做麵包，真的不難，也不需要昂貴、佔空間的機具，一樣可以做出天然健康的麵包。

最重要的，就是動手做吧。

張源銘

目錄

Part 2 酵母之戀

Part 3 手感之戀

PART 1

麵包之戀

用愛做麵包，
每個細節都用心學習，
享受手作揉捏的過程，
就能創造出絕妙滋味。

藏在生命裡的老爸味道

美味關係，在嘴裡，也遊蕩在記憶裡！

舞麥窯的麵包受到大家喜愛，卻很少人知道，我們最早想做的不是麵包，而是饅頭。「哪泥？」我可以想像大家面露狐疑的生動表情。

大家不要被既有的印象框架限制住了。曾在一本外國麵包書上看到：「饅頭是蒸的麵包，而麵包是烤的饅頭。」兩者原是同根生，前段作業幾乎相同，長大後分道揚鑣，一個拿來蒸，另一個拿去烤，變成棕白兩兄弟。

所以，麵包做到一半，突然想吃饅頭，可以開大火煮開水、放蒸籠，把已發酵的麵團蒸成饅頭。

只是，得先考量麵團餡料是否合適，以及需要蒸煮的時間，因為蒸饅頭和烘焙麵包的溫度是有落差的。

難忘的童年滋味

說到做饅頭，大家都聽過老麵饅頭，現在市面上只要打著老麵饅頭的名號，價格就可以翻幾倍。至於想做老麵饅頭的原因，只是閒著想回味記憶中的味道，沒想到卻一頭栽進去，從饅頭玩到做麵包，越玩越大，還蓋了座大尺寸的烤麵包磚窯。

記得小時候物資貧乏，農地收成勉強可以養活一家人，雖餓不

死，但要供應小孩上學，就捉襟見肘了。早年許多農民因此單槍匹馬離鄉討生活，留下家小在農村等待外來的經濟支援。當時，高冷蔬菜正夯，需要大批人力，家父出外到梨山工作，先是跟著興建德基水庫，後來留下來跟一群山東老兵種植高麗菜及水蜜桃。愛烹飪真的是遺傳。老爸學會了做饅頭的工夫，偶爾下山回家，口袋裡有些錢，會奢侈的去買麵粉及乾酵母回家（買非必要的民生用品就算奢侈啦）。晚上吃完飯，開始揉麵團，清早起做饅頭，那發酵麵團切得整齊排列的景象、饅頭剛出爐的滋味，至今仍讓我念念不忘。

與野生酵母結緣

年過不惑，開始回頭看人生。記得剛拿到法學碩士學位，假日不必再為趕論文而神經緊繃，看著失去老伴的媽媽，靈光一閃說：「記得小時候吃老爸的饅頭，很幸福，要不要來試試？」當然啦，這想法也有安慰老媽的意味。說要做，買商業酵母最省事，不過，市面上流行老麵饅頭，就決定試試老麵饅頭。但是，對烘焙及發酵一竅不通，跟業者完全不熟，沒地方可問，那就發揮現代人最佳本領，上網查。拜網路發達之賜，就在CK的幸福滋味網站，看到了養天然酵母的方法，趕忙列印下來。對養酵母完全沒概念的我，當時規規矩矩照表操課，依製作表的比例和做法，開始養起自己的野生天然酵母。

運氣真好，剛好是秋冬交際，基隆氣候涼爽宜人。洗好玻璃罐，切了一些蘋果、加入冷開水和糖，再用保鮮膜封住，拿牙籤戳幾個洞，放在流理台角落，等待它的泡泡。或許正是養酵母的好季節，一試就成功。大約一週，玻璃罐內出現許多泡泡，按照複製下來的方法，倒出含有酵母的水，依比例加進麵粉，放進玻璃罐裡。果然如網頁上所說，早上才加進麵粉，傍晚就如火山噴發一般，麵團擠滿整個玻璃罐，還從瓶蓋縫隙擠出來，活力十足。這次成功，讓我有更大的信心，自此跟野生天然酵母結下不解之緣。

堅持天然麵包哲學

養了酵母，當然是要做饅頭。拿酵母做了饅頭，但是，要加多少酵母沒個準，而且初養的野生天然酵母菌群還沒完全穩定，加上還沒學會溫度及時間控制，剛開始做的饅頭，可真是酸饅頭。不過，母子兩人還

是吃得津津有味。有著好奇基因的我，看到網站上提到天然酵母可以做麵包，而且舊金山有名的酸麵包，就是利用天然酵母做成，於是按照網站上的配方試著做。做完覺得內容單薄，為增進功力，便買了西川功晃的麵包書來參考，自此從原味做到添加核桃、葡萄等。

因為花樣多，不知不覺就完全投入麵包世界，但也一直堅持全野生天然酵母歐式麵包風格，後來再加進全穀物麵包，為的是追求快被人們遺忘的麵包哲學。

多年來，摸索窯烤全野生天然酵母與全穀物麵包，一直是「靠書養」，沒受過基礎訓練，一直不解烘焙業的實作過程。曾忍不住去台灣穀物研究所，上了五天的實用麵包課程，才知道原來一般麵包店的做麵包真象，更加深我堅持無添加、全野生天然酵母的原則。

從培養野生天然酵母、購買石磨自磨麵粉，再到前往澳洲拜訪烘焙界知名築窯高手Alan Scott，可能是運氣好，也可能是我要命的樂觀主義，過程一直很順遂。

看到許多人對野生天然酵母麵包很有興趣，也深感野生天然酵母麵包對人體有益，想把這幾年的摸索心得與大家分享，希望大夥都能吃到健康美味又兼具本土味的麵包。

天然酵母的幸福世界

開始上麵包課，愛上野生酵母。

做麵包，是既科學又感性的事。科學是指許多算式精準的比例；感性則是隨著心情、溫度、季節改變，過程也隨之轉折變化。

製作麵包並不是艱深的科學實驗，反而有更豐富的感性。就像日本烘焙師傅最愛說的：「用愛去做麵包，麵包會感受到你的愛，做出來的麵包，便有濃濃的愛之香味與口感。」

時下已有許多教人做麵包的書，更有許多老師開班授課，各種繁複的技巧，都能找到相關書籍參考，自我修煉。在此不求華麗及繁複，堅持百分百全野生天然酵母製作，以最簡單的方法做麵包，要的是單純麥香、美味的麵包滋味。因為，美味來自食材、野生天然酵母及烘焙，繁複手法只增加了美觀，有時候，反而在不知不覺中損失美味，甚至浪費食材。

◎簡單流程易上手

麵包製作過程雖然多變，但都有共同的基本過程，那就是材料秤重、攪拌、第一次發酵、分割、整圓、靜置、整型、最後發酵、割線、進爐烘焙、出爐、冷卻。這是製作麵包的標準流程，只是我使用野生天然酵母，需在前一天（視氣候及溫度而定）就先拿出種母再餵養到需要的量，增加一個流程。

1

要做出單純的麵包，第一個步驟就是調好麵粉的分量。

2

麵包要鬆軟濕潤，水也是重要的配角，約是麵粉重的 70%。

3

野生天然酵母是靈魂人物，要佔麵粉重的 25%。

4

還有左右麵包滑順的重要關鍵，初榨橄欖油約佔整體麵粉重的 5%。

5

別忘了加點鹽調味，讓麵包風味更香甜。

6

未經漂白的黑糖，符合健康概念。

許多人學做麵包時，因老師交代要精準，都會仔細的秤出絲毫不差的材料，但做麵包應是人文科學，不是實驗科學，差不多就好，所以，傳統一直都習慣使用幾杯、幾大匙、幾小匙。要做出單純的麵包，材料相當簡單，百分百全穀物麵包只需全穀物麵粉、水、野生天然酵母、鹽。也可說只有三種材料，因為野生天然酵母是水和全穀物麵粉組成的，有餡料麵包則加進一些黑糖、初榨橄欖油與加進麵團或包進麵團的內餡。

材料比例也非並一成不變，可隨自己喜愛酌量增減。若依烘焙百分比來說，麵粉是１００％，水大約是麵粉重的70％左右（視季節及喜好微調增減）、野生天然酵母25％、黑糖約５％、初榨橄欖油５％、鹽1.5％。至於餡料重量就有比較大的變異，因為有的是液態、有的是烤乾、有些是烤熟，就依餡料特性，計算不同重量比。以製作一顆核桃桂麵包為例。麵團重６００公克，如果餡料是麵粉重的20％，全部材料包括麵粉１００％、水70％、野生天然酵母25％、鹽1.5％、黑糖５％、初榨橄欖油５％、核桃桂圓20％，總共２２６．５％。所以麵粉重是６００公克除以２．２６５（２２６．５％），等於２６５公克。

算出麵粉重，其他材料重量就可算出來。水是麵粉重的70％，將２６５乘0.7等於１８６公克；野生天然酵母是麵粉重的25％，也就是２６５乘０．２５，等於67公克；鹽是２６５乘０．０１５等於４公克；黑糖是２６５乘０．０５等於13公克；初榨橄欖油一樣是13公克、核桃桂圓53公克。各材料總重再核算一下，共計６００公克。

秤重公式：
1．麵團重／總材料比＝麵粉重。
2．麵粉重×各材料比＝各材料重。

Step2

來場快樂按摩操——揉麵團

雖然不少家庭有小型攪拌機，不過，只是家庭所需的麵包，不一定要花費巨資買一台佔位置的攪拌機，真有餘錢，烤箱倒是比攪拌機重要。買一台好的烤箱，烤出來的麵包味道更好，也可以拿來烤雞、披薩等，功能更多，更有經濟效益。

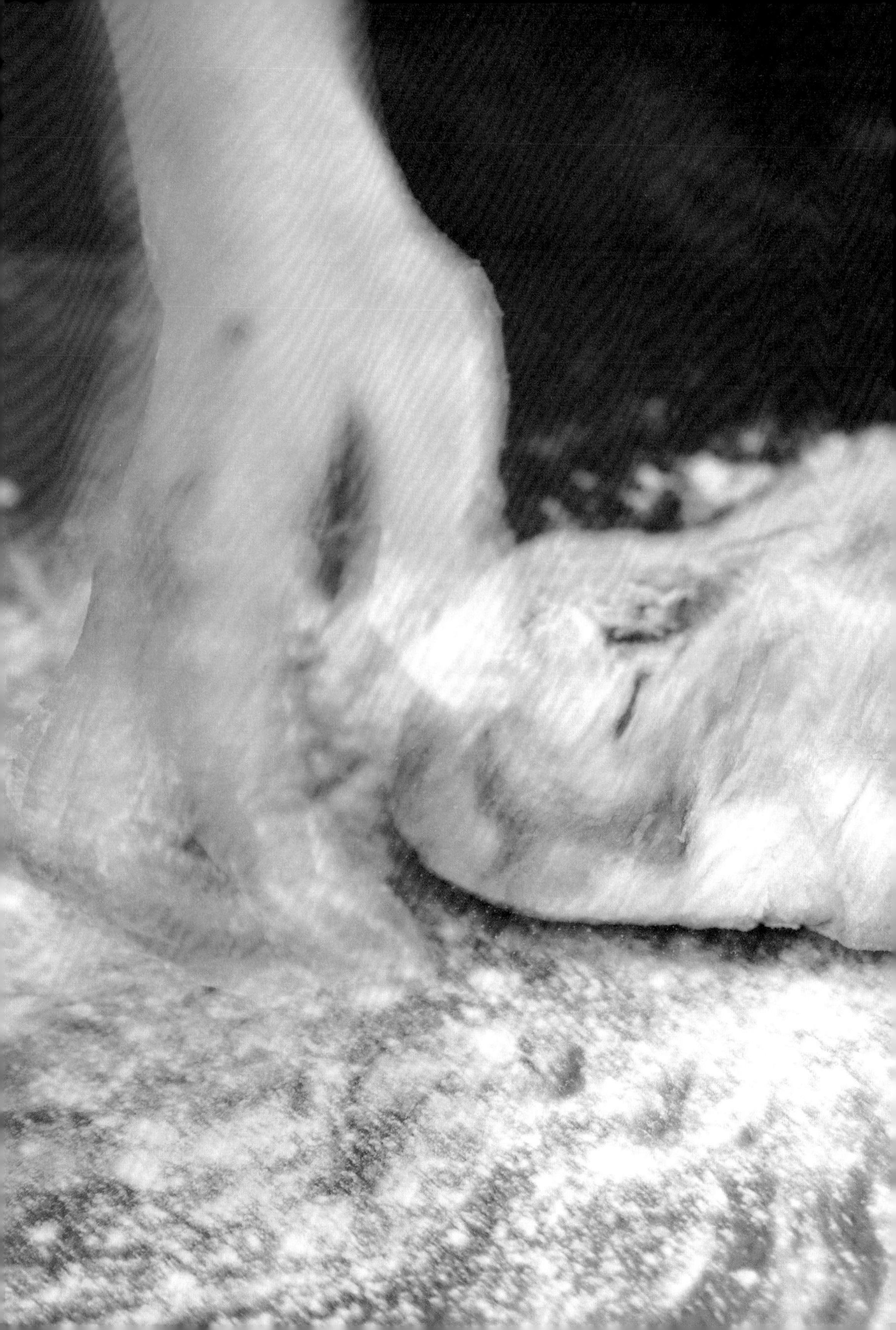

至於麵團，就用揉的吧！野生天然酵母麵包的麵團，必需經長時間低溫發酵，不必像一般快發酵母麵包加奶油、用攪拌機打到有「玻璃窗」效果，只要揉到麵筋出來、有Q度，大約15分鐘就可以了。

另外，由美國流傳出的免揉麵包，利用野生天然酵母製作，將材料拌均勻、稍微揉一下，放進冰箱低溫發酵，效果一樣好。

既要揉麵團，一般家庭廚房不是很大，流理台當然也不大，如果把麵粉等材料放在流理台上，容易撒得滿地都是，不妨準備一個大的不鏽鋼盆，可以省去許多的麻煩。

1

2

3

4

揉麵團第一個動作，把所有材料倒進鋼盆，用手指輕輕攪拌，讓水跟麵粉等食材結合。

揉麵團第一個動作，先把野生天然酵母泡到水裡攪散，倒進不鏽鋼盆，接著再把麵粉、糖、鹽、油一起倒入，用手指輕輕攪拌，讓水跟麵粉等食材結合。拌勻後，在鋼盆中先揉幾下，撒麵粉到已清理過的流理台上，再移動麵團到流理台上，開始揉捏。

注意揉製技巧是用手指扳回，內手掌根部加上全身力量壓下推出，先不要在意初期的黏手，可以撒點麵粉，最後就不會黏手了。

野生天然酵母麵包的麵團，不必像一般快發酵母麵包打到有「玻璃窗」效果，只要揉到麵筋出來、有Q度，大約15分鐘就可以了！

1

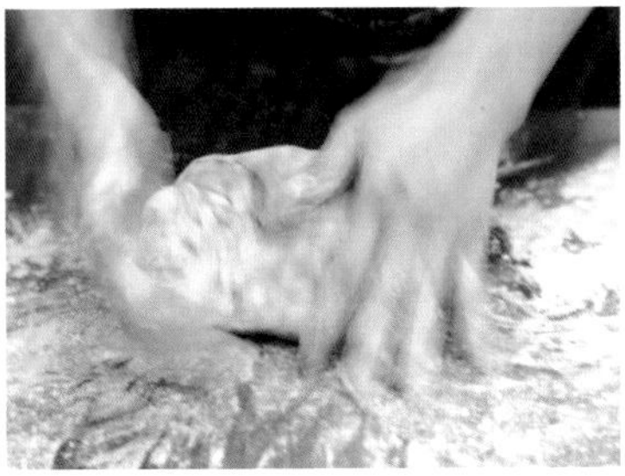

2

3

4

麵團拌勻後，撒麵粉到流理台上，再移動麵團開始揉捏，注意揉製技巧是用手指扳回，手掌壓下推出，不是用蠻力。

Step3

溫馨等待幸福味，第一次發酵

揉好的麵團要利用家用冰箱低溫發酵，
超過 12 小時就可以拿出來退冰。

揉好的麵團要等候發酵，因為百分百使用野生天然酵母製作，最佳的方法就是低溫發酵。為了少油、不浪費清潔劑，可以直接把麵團放到剛剛使用的不鏽鋼盆，不必像一般教科書要求的先抹油，最後以保鮮膜封住，再放進冰箱。

一般家庭沒有溫控發酵箱，利用家用冰箱做低溫發酵就可以。家用冰箱溫度約攝氏4度左右，天然酵母在這種氣溫下，繁殖速度非常慢，但不代表不再發酵，至少要在兩天內就拿出來使用，否則會超過發酵周期而膨脹，酸味會一直增加，直到酸掉。

麵團放置冰箱大約超過12小時，就可以拿出來放在陰涼處退冰，並最好在6小時內烘焙，做出台灣人較喜愛、比較沒有酸味的麵包。一般建議退冰約2小時，就可以把麵團拿出來開始分割，由於家庭用烤箱空間小，能量也小，麵團可以設定小一點，250公克即可，以免因麵團大大，外面烤焦了，裡面還沒熟。

還有，台灣地區夏冬兩季溫差大，夏天白天達攝氏30多度，冬天只有10多度，由於溫度是發酵快速的關鍵，30度對天然酵母來說太高了，裡面的益生菌繁殖速度會遠高於酵母菌，酸味會增加。

因此，夏天最好放在冷氣房。冬天因為溫度太低，酵母菌繁殖速度太慢，拉長發酵時間，也會造成酸味增加。可利用外出冰藏食品的保溫箱，放進一杯溫水，提高溫度，加快發酵速度。

台灣的夏天攝氏30多度，對天然酵母來說太高了，益生菌增加酸味會增加，最好放在冷氣房。

巧手變出新花樣——分割、整圓、整型、最後發酵

1

2

3

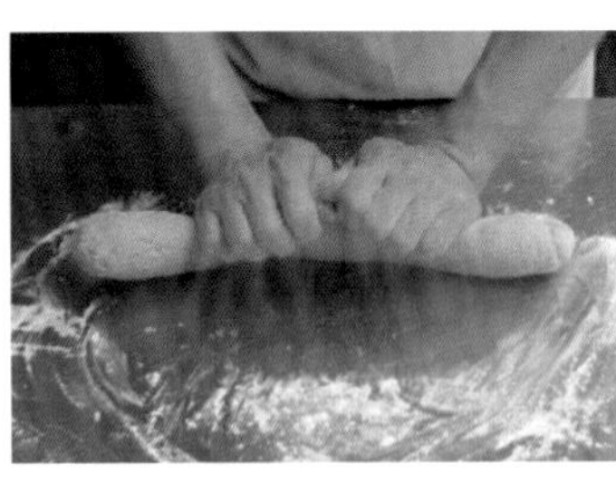

1・3攝影：舞麥者

4

2・4攝影：楊志雄

麵團以每顆250公克分割後，就是整圓，這是為了後面的整型做準備。整圓後，把麵團靜置約20分鐘，就可以開始整型，一般是做成橄欖形。

整型好的麵團，放到烤盤紙上，蓋上一層布，開始最後發酵，時間大約90分鐘到120分鐘。

麵團以切板分割好，約是每顆250公克。分割後就可以進行整圓，再一次幫麵團做按摩，讓它成型。

預備動作齊步走──烤箱預熱、進爐烘焙

攝影：舞麥者

進爐半小時前先將烤爐預熱，
進爐約25分鐘就可出爐。

進爐前約半小時，要先將烤爐預熱，雖然烤麵包的溫度是攝氏200度，但家用烤箱熱能較差，可以開高一點到攝氏220度。如果家裡常烤麵包，可以到烘焙材料行買一塊烤箱用的石板或專用陶板，或以厚一點的瓷磚代替，功能在於保溫，避免因家用烤箱密閉不足、厚度薄，爐內溫度容易受外界影響，造成麵包膨脹不足。

發酵好的麵團，放進烤箱前要先割線。用刀片在麵團表皮割出一個割痕，引導麵團膨脹裂開的方向，否則麵團會因加熱膨脹，而在表皮最薄弱的地方裂開，外形不好看，也影響膨脹效力。麵團進爐約25分鐘就可以出爐，不過，隨時要監看一下，因為電烤箱有幅射熱，外皮容易烤焦。麵包熟了，拿出來輕敲底部，會有清脆的聲音。最好的方法是買一個溫度探針，只要麵團內部溫度超過92度，就熟了。

麵團放進烤箱前先用刀片在麵團表皮畫一兩道割痕，引導麵團膨脹裂開的方向，讓外型更好看！

泰益麵粉公司

出爐後約 30 分鐘的麵包最好吃，皮酥脆度夠，內部還有豐潤的水分。

許多人都聽過不要吃剛出爐的麵包，原因是如果用商業酵母或摻有其他改良劑、乳化劑等物品，添加物成分在剛出爐時還沒完全揮發，所以不宜食用。但百分百使用野生天然酵母的麵包，就沒有這些問題，剛出爐也能吃，只是濕度太高，用刀切會黏刀，還是放涼再切，最可口。

出爐後約30分鐘的麵包最好吃，因為皮酥脆度夠，台灣濕度高，有脆皮的麵包，出爐後很容易吸收空氣中的水分變軟。野生天然酵母麵包還有最特別的優點，那就是耐凍存，不僅風味不減，還能加分。因此，可以一次烘烤較多數量，一、兩天內吃不完的分量，可直接凍存；若扣掉烘焙失重，每顆才220公克左右，一餐內可以吃完，不必先切片再凍存。整顆凍存的麵包，吃法是先退冰再烤。如果當成早餐，可以前一晚拿出來退冰，早上直接放到烤箱裡烤，不必再噴水，就可以恢復原有脆皮，內部還有豐潤的水分，比剛出爐的麵包還好吃。

百分百使用野生天然酵母的麵包，不僅剛出爐也能吃，還很耐儲存，冷凍後只要退冰再烤，皮脆水分豐潤，一樣很好吃。

傾聽穀物的聲音

大地的樸實，回歸原味的感動。

記得2008年，到澳洲塔斯馬尼亞拜訪麵包窯專家Alan Scott，看到他到雜貨店只買全麥麵粉，還自己將燕麥壓成片狀煮來當早餐。他說，一定要吃全麥麵粉才夠營養及健康，市售的燕麥片都經過處理，營養不完全，才會不嫌麻煩的自己壓燕麥片煮粥。

因為Alan Scott，我開始接觸全麥麵粉，才了解其中奧妙，開始追求全營養麵包的目標。

麵包的主要材料是麵粉，台灣早期市面上只有白麵粉，沒得選擇，但隨著講究健康飲食的趨勢，逐漸了解全麥的重要性，坊間便有以白麵粉回摻麥麩號稱的全麥麵粉，其實不算純正的全麥。麵粉的原材料就是小麥，大家所知道的麵粉有高筋、中筋、低筋、粉心粉麵粉，其實這些都是從小麥變化而來。

歐洲有些麵包並非只用小麥粉，還有裸麥、燕麥、大麥等穀物，因應健康取向，被加入麵包的穀物更多樣化，像是蕎麥、高粱。我也開發出含有一半紫米粉的紫米地瓜麵包，還把大家養生最愛的十穀米變成麵包材料，做出十穀米吐司，相信未來會更有多樣的穀物被加入麵包裡，讓愛麵包的人，吃到含有多樣營養成分的麵包。

話說一顆小麥主要有三個組織，包括麩皮、胚芽及胚乳，比例各佔12.5%、2.5%、85%。就烘焙科學來說，麩皮還可細分六層，胚芽也可細分六個部位，麩皮大約是三個部分。

不過，我們不必分得那麼細，一般而言，市面上販售的麵粉是以胚乳部分磨製而成。麵粉廠製粉時，把小麥加濕研磨，過程中會把麩皮及胚芽分離出來，剩下胚乳部分磨成細粉，再根據胚乳不同部分的粉，調製出不同產品的麵粉。

最近國內吹起健康風，消基會跟衛生署都推動全穀物麵粉認證，鼓勵國人吃全麥麵包，國內麵粉廠才開始嘗試生產經過認證的全麥麵粉。至於以往號稱的全麥麵粉，其實只是將白麵粉摻入先前剔除的部分麩皮，外觀看起來有麩皮，卻完全沒有胚芽營養。

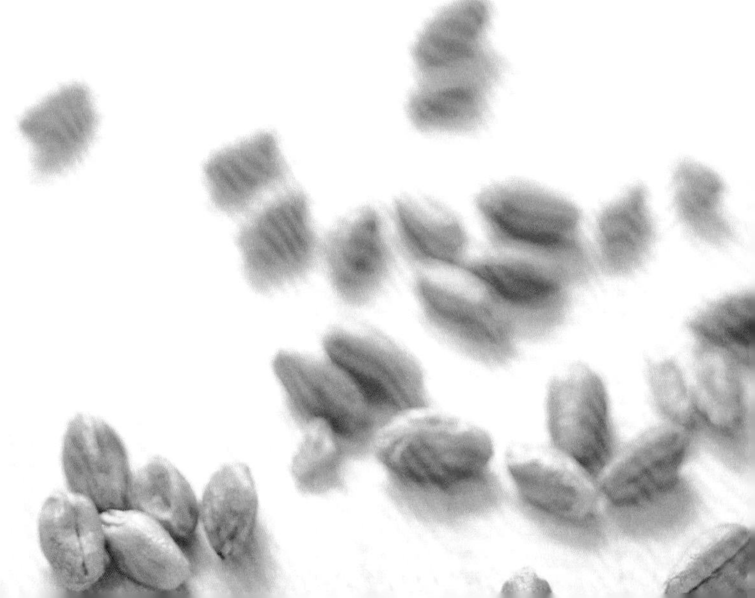

全穀物營養多

全穀物風潮早在國外風行多年，稱為全穀物是因為不只是小麥，各式穀物都有類似構造。米也是一樣，早年大家愛吃精白米，後來知道只含澱粉，營養價值不如糙米，就開始鼓吹吃糙米，或者以糙米加白米一起煮，希望吃到胚芽的營養。胚芽含有重要的維生素E，尤其是小麥的胚芽，更有每公克含量高達0.2至0.4毫克的維生素E，如果只是為了口感而捨棄不吃，真的太可惜。

喜愛麵包的人，常會好奇為什麼麵粉有高筋、中筋、低筋、粉心粉、杜蘭麵粉等，這和小麥的種類有關。小麥以顏色區分，分為紅麥與白麥；以播種季節不同，可分春天播種、秋天收割的春麥，秋冬播種、夏天收割的冬麥；因硬度不同，可分為硬麥和軟麥。一般而言，紅麥屬硬麥，蛋白質較高，白麥是軟麥，相對蛋白質較低，另外，春麥的蛋白質也高於冬麥。我們一直強調蛋白質含量，因為麵粉裡的蛋白質就是筋度，蛋白質含量越高，筋度就越高，一般製作麵包所用的都是高筋麵粉，有的甚至使用超高筋麵粉。法國麵粉有時會考量到灰分（註1）含量，因為灰分以麩皮的種皮層含量最多，高達7至11%，這一層的蛋白質含量也最高，因此互為參考。

在其他因素相同下，硬紅冬麥含的蛋白質中等，可做為全用途（all-purpose flour）麵粉，用來製做麵包及捲餅。硬紅春麥是高蛋白質小麥，可做為麵包粉。軟紅冬麥是低蛋白質小麥，磨製成的麵粉一般可做成蛋糕、餡餅和餅乾等。至於杜蘭小麥是超硬小麥，雖然含有超高的蛋白質，但只能磨成semolina flour做麵條。

麵粉筋度入門

講了這麼多的小麥常識，主要是讓大家了解小麥的分類與麵包的關係。國內目前購買小麥的管道並不多，只有迪化街雜糧商有大量販售，以及有機商店有小包裝的小麥商品，筋度難以掌控。真要自己磨小麥麵粉，可向有機商店購買歐洲進口的小包裝小麥，看看它的筋度，只要高於11%就是高筋小麥，可以自磨做全麥麵包。

台灣因氣候等因素，生產的小麥屬低筋度小麥，適合做麵條，如果要拿來做麵包，就必需與進口的高筋麵粉調和，才能製作麵包，而且發酵結果一定難如預期。談到筋度，就是跟麵粉的蛋白質含量有關。國內各麵粉廠生產的麵粉，包裝上都有標示蛋白質含量，能藉以分辨高、中、低筋麵粉，蛋白質含量高於14%者，屬於特高筋麵粉；蛋白質含量介於11.5%至14%，就是高筋麵粉，即俗稱的麵包粉；蛋白質含量介於9.5%至11.5%，是用途最廣泛的中筋麵粉，也就是all-purpose flour；最後則是蛋白質含量介於6.5%至9.5%之間的低筋麵粉。

在各種麥類中，只有小麥有高筋度，非常適合做麵包，其他麥類或穀物如果要拿來做麵包，為了口感，就必需與小麥麵粉調配。除非可以忍受完全沒有軟綿口感的德式麵包，如德國的全裸麥麵包，甚至是德國的Pumpernickle黑麥麵包。

筋度跟麵粉的蛋白質含量有關，歐洲進口的小包裝小麥，看看它的筋度，只要高於11%就是高筋小麥，可以自磨做全麥麵包。

裸麥健康滿分

裸麥適合較潮濕及寒冷的氣候，北歐及中歐是最大生產地，從中世紀就開始栽種。早期，德國等中歐地區民眾，做麵包多以裸麥為主要材料，而且隨著羅馬帝國崩潰，撒克遜民族移入英國，將裸麥帶入英國，增加了種植面積。但是，隨著農業技術精進等因素，小麥也進入北歐地區，取代裸麥成為麵包的主要材料之一，一度讓裸麥產業下滑。

隨著世人重視養生及健康，了解純白小麥麵粉過度精緻的缺點，裸麥麵粉再度受到重視，產量也跟著微幅上升。目前裸麥是製作麵包的第二大宗原料，僅次於小麥，不過，裸麥的產量在穀物中只佔第七名，前面依序為小麥、米、玉米、大麥、燕麥、小米、高粱。

燕麥自然活力足

燕麥是國人耳熟能詳的健康食品，因知名廠商力推天天吃燕麥可有效降低膽固醇，強調是美國食品及藥物管理局許可的降低膽固醇食物。西方人早就把燕麥視為健康食材，像前文提到造麵包窯名人 Alan Scott 就天天吃燕麥，他的廚房裡一定有一鍋燕麥，還說精製過的燕麥營養已被浪費掉，吃了更糟。

他補充說明，早期部隊用燕麥來飼養馬匹，後來士兵因打仗而精疲力盡，看到馬兒還精神抖擻，而且存糧小麥快吃光了，有士兵拿本來準備給馬吃的燕麥煮來吃，沒想到吃了之後精力百倍，大家就開始跟馬分食燕麥，自此成為許多西方人早餐必備的食物。

Alan Scott 的說法當然像是傳奇，但反觀國內近年的食材演變，不也如此。早年許多本來是家禽、家畜吃的食物，或是窮苦人家不得不吃的食物，都變成健康食物，地瓜葉就是一例。

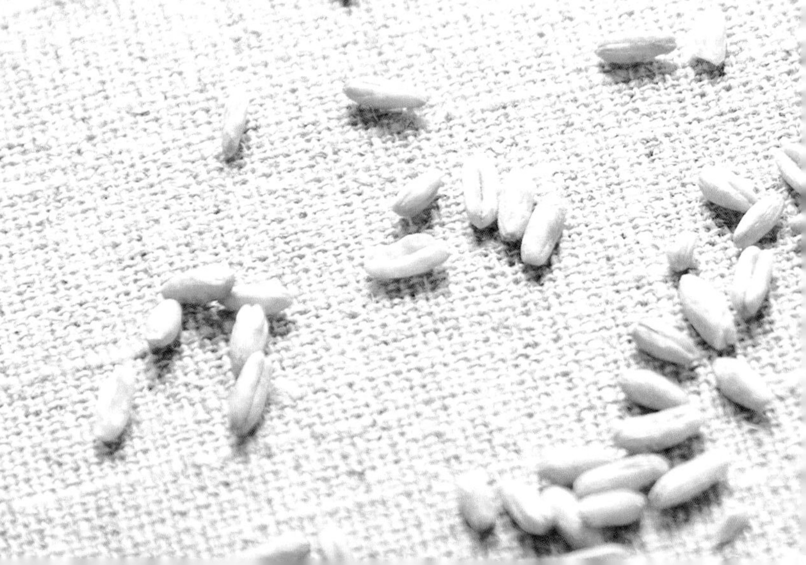

大麥粗食變主糧

大麥是這幾年才興起的健康食品，美國穀物協會這兩、三年就力推大麥，不斷舉辦大麥產品開發及創意比賽，想在國內打開市場。

美國穀物協會強調，大麥內含高含量的葡聚醣，也是美國FDA認可能降低膽固膽的健康食材。事實上，被稱做洋薏仁的大麥，早期幾乎沒有人會吃，品級較低的大麥，先前都是賣到台灣當飼料。我小時候就曾幫忙煮大麥給雞、鴨吃，隨著時代演變，人類吃太多精製食品，出現問題後，這些算是粗食的食材，搖身一變成為健康食品。

包括玉米、米、高粱及喬麥等，都是人類經常食用的穀物。除了玉米製成的玉米粉外，這些作物以往都不是製作麵包的材料，而是不同民族的主食，因為這些穀物裡沒有麵筋（gluten），也非歐洲主要的農作物之一。但是隨著農業全球化，世界各地都栽種非原生種的農作物，這些穀物在可增加麵包風味及麵包養分多樣化等因素影響下，也被拿來加入麵團，讓消費者吃到更有風味的麵包，也攝取到更多種類穀物的營養。

除了小麥以外，我也購買大麥、燕麥、裸麥、蕎麥、高粱、紫米等穀類，以石磨低溫磨製成粉，再加進麵團裡增加風味及營養。甚至以不同穀物為主角，做出不同的穀物麵包，包括裸麥小麥全麥麵包、黑麥小麥全麥麵包、以全穀物紫米粉與白麵粉一比一製作的紫米地瓜麵包，要讓大家吃到散發米飯香的麵包。另外，十穀米也不全然是米，還添加麥及中藥材，食材變得更多元，營養素也更豐富。

※註1：灰分指的是食品中的礦物鹽或無機鹽類，這也是評價營養的參考指標。食品規定有一定的灰分含量，如果含量超過正常範圍，代表此食品可能在生產過程中，加入過多的人工灰分。

麵包與器具的對話

善用工具好簡單，小兵立大功。

許多人總認為做麵包很麻煩，需要的器材好多，實則不然。當我到塔斯馬尼亞，借住在Alan Scott家裡，他熱心教導如何買麵粉、拿天然酵母到揉麵團、發酵、進爐烘焙，專業器具只需石窯和磅秤，一樣可以做出好吃又營養的麵包。

從Alan Scott的例子，可以確認製作天然食材的麵包，需要的器具真的不用多，因為就材料而言，麵包比蛋糕簡單，所用器材相對簡單。除非想享受購買的樂趣，許多「哩哩扣扣」的器具，其實可以省略不買。如同我一樣，也是從家用全雞烤箱開始做起，發酵還用外出冰存食物的冰桶保溫，麵團就靠手揉，同樣製做出美味麵包。

1. 烤箱

一般家庭烤全雞烤箱就能使用，重要的是能有上下火設定的；不過，這樣的烤箱隔熱效果差，保溫性不足，影響麵包的烤焙成果。

這問題並非無解，只要一片厚瓷磚，厚約1至2公分的石板或市售現成的陶板當烤盤。因為瓷磚或石板陶板會蓄積熱能，當箱門打開、熱氣散失後，關上箱門，瓷磚或石板的熱能會立即釋出，快速拉起下降的溫度，就能避免影響烤焙結果。熱能足且穩定的烤箱，關鍵著最後的烘焙結果，有好的烤箱，自製麵包就成功一半了。

2.鋼盆

為了攪拌及秤重方便，需要兩個直徑30公分的大鋼盆。另外，可準備兩、三個小鋼盆，如果家中已有許多保鮮盆，也可拿來利用，不必再買。

3.磅秤

家庭製作的麵包量不多，磅秤也不必太大，只要一般磅秤即可。

4.桌上型攪拌機

可以將麵團打出筋度。烘焙器材行有許多國內外廠商生產的桌上型攪拌機，可以依照家庭所需購買。

5.計時器

做麵包雖然不是分秒必爭，但發酵和進爐都要計算時間，一個可以正數及倒數的計時器相當重要，最好是能計時超過兩小時以上的，最理想。

6．刮板或切麵刀

如果做麵包的數量不多，也可利用刮板當成切麵刀使用。

7．烤盤紙

防麵團放烤盤時，會沾黏難取。

8．隔熱手套

烘焙材料行販售的隔熱手套即可，方便拿取高溫物品或麵包。

9．吐司模

想製作吐司形狀的麵包，可以準備自己所需的吐司模數量。

10．藤籃或帆布

可以放置已整型好、第二次發酵的麵團。

做麵包，需要器具不多，材料也比蛋糕簡單，重點是有一台好的烤箱。所以，除非是想享受購物的樂趣，不然，許多「哩哩扣扣」的器具，其實可以省略不買。

麵包與餡料的美妙關係

揭開食味密碼，烘焙口感更豐富。

學做麵包以後，總有朋友愛天馬行空的問我：「xxx可不可以加進麵包裡？我很喜歡那個味道。」有的聽過就一笑置之；有些話則讓我認真再思考，如何把朋友喜歡的味道加到麵包裡，當然啦，其中有不少是我自己喜歡的滋味。

麵包的原型應只是麵粉加水、酵母及鹽做成，可以品嘗原有的麥香。為了增加麵包風味、色彩及營養，各式的水果、堅果等食材都被嘗試加進麵包。而加進麵包裡的餡料，不外乎風味、色彩及營養三種因素，要克服的就是水分及不破壞麵團筋度。

變化口味三絕招

把餡料加進麵包的方法有三種。

第一，秤重後與所有材料一起放進攪拌缸裡攪拌，像南瓜、香蕉等。這類軟質、可以完全打成泥的餡料，會完全融進麵團裡，麵包烤好後，看不到原有食材的形狀，卻散發濃郁香味（香蕉）或鮮明色彩（南瓜）。或者是，另一種只想攝取其營養素的食材，例如發芽黃豆，雖只有淡淡的黃豆香味，但其豐富的營養，很適合當成重要的食材。

不過，並非所有食材都能直接加入麵團一起攪拌，像是鳳梨與大量的紅酒，就不宜直接加進麵團裡。鳳梨因特有酵素會切斷麵筋，直接放進麵團，最後會打不出筋，導致麵團平塌，無法膨脹及塑型。

若加太多紅酒，例如以紅酒代水，而非用紅酒浸泡果乾再加入麵團，因酒精過多，野生天然酵母會喝醉，忘了工作，發酵效果也不佳。或許有麵包師傅能克服這難題，但幾度嘗試後都失敗，建議用果乾泡紅酒再包進麵團，取其紅酒風味，而不影響發酵。

切記，用手揉麵團，這部分一開始就得跟所有材料一起揉製。

第二，待麵團打到出筋時，再加進攪拌缸。我製作的麵包餡料，大多是採用這種方法，這也是做麵包最常見的方法。像桂圓核桃、葡萄核桃、能量堅果中的堅果、桑椹香蕉乾裡的香蕉乾，一方面要拌勻，另一方面是因這些餡料不耐久拌，而且會破壞麵團筋度，最後再加入攪拌，可以拌勻但不致攪碎。

如果用手揉，一樣是把麵團揉出筋度、或自己覺得滿意的程度，再把麵團攤平，餡料平鋪均勻，切半重疊再壓平，重覆數次，讓餡料均衡分布。

第三，在整型時包入麵團。這種方法主要是為了保存食材的原形，或讓每顆麵團的餡料成分都一致，例如烤地瓜、蜜紅豆、起司等。

像烤地瓜、蜜紅豆這類食材，雖然可以在攪拌或揉麵團時就一起拌，但沒有特有風味或色彩，完全融入麵團後，會讓人感覺不到它的存在，又不是特別強調它的營養成分，所以就留在最後整型時再包入，可以吃到滿口的餡料。

至於起司這類高價食材，本來可以在攪拌後期加入，但總是難以做到絕對平均，如果加太多，又太搶風味，只好留在整型時，分別秤重加入，分布自然均勻。

⬇本土食材入餡妙撇步

台灣生產的水果種類優於歐、美各國，適合當內餡。不妨以本地農產品做為麵包食材，有的可做為主材料、有的可以做餡料，方法就是前述三種，思考的方向還是強調風味、色彩及營養。

利用本土食材的巧妙關鍵，在於如何把要利用的食材，做成想要的模式。因為麵團有水分比例，以及影響野生天然酵母發酵的限制，必需先設想是要一開始就加進去攪拌、攪拌完成再加入拌勻、或是整型時再包進麵團，才能把食材製作成適合的階段。

以紫米地瓜麵包的紫米來說，可以先磨成紫米粉，直接加進麵粉一起攪拌。若沒有石磨，也可以將米放進高速料理機，加水打成泥，再加麵粉打成麵團，只是，事先要計算好使用的紫米重和水量，在打麵團時，扣掉加進紫米的水，同樣可以揉出好麵團。如果為了凸顯紫米的顆粒美，也可以蒸熟後冷凍，讓它粒粒分明，等麵團打好再加進去拌勻，就成為有紫米飯口感的麵包。

再如香蕉，可以一開始就與所有材料一起打、完全融入麵團裡，只取香味。如果想吃到香蕉顆粒，可以在整型時再包入切段香蕉，不過，這樣的風味較弱。這時可以利用烤箱以低溫烘焙香蕉乾，取得濃郁且水分較少的香蕉乾，就可以在麵團打出筋度後，再加進去攪拌均勻。

至於蔬菜，也可以加進麵包裡，只要依著前述三種方法，考量風味、色彩和營養，就可以創造出自己喜愛的麵包口味。

PART 2

酵母之戀

100%健康養生的天然酵母，
讓麵包風味更美妙。
跟著簡單步驟一起來，
呵護酵母更茁壯，
香氣滿屋的麵包，
即將神奇誕生！

野生天然酵母的藏寶盒

味蕾魔術師，開始上酵母課。

攝影：舞麥者

春、秋兩季，吹起涼涼的風時，就會想要再養野生天然酵母。雖然我的菌母已經蓄養了三年，但一當氣溫降到23度的舒爽溫度時，養酵母的感覺又不知不覺油然而生，有時會忍不住手癢再動手養一次。

記得曾有一位烘焙店的二手師傅專程到舞麥窯參觀，由於他積極求知的態度，我和他聊了許久。他想探求的就是怎麼養野生天然酵母，怎麼去控制它？他曾試圖求教於他們的「頭手」，他們的「頭手」很嚴肅的告訴他，野生天然酵母是一門很艱深的「微生物學」，要他好好紮根，不要好高騖遠。

我聽了忍不住乾笑幾聲。勉勵新進要學好根本工夫是對的，但把野生天然酵母講成嚴肅的「微生物學」，就有點浮誇。我的感覺是那「頭手」想留一手，用這名詞當擋箭牌。

酵母當然是微生物的一種，不過，它沒那麼神秘，只是大家沒有用心去養它，只要像養寵物那般，不要太寵，也不要不聞不問，每家的酵母都能養得「肥肥胖胖、活力無窮」。

酵母是種兼具動物和植物特性的微生物。說它像動物，因為它要吃東西，沒食物會餓死；說像植物，乃因遇到惡劣環境，它可依靠孢子保護自己，直到環境適合，生命自會再現，繼續繁殖。

但為什麼要一直強調繞口的名字「野生天然酵母？」其實，那是為了和商業酵母及量產的天然酵母有所區別。國外對於這些名詞分的很清楚，但翻譯卻把它翻成酵母，就搞得混淆不清。就像小麥、燕麥、裸麥一樣，我們都加個麥字，但就英文而言，小麥是wheat，燕麥是oat，裸麥是rye，三個字其實無關，雖然都是穀類，但特性完全不一樣。就英文來說，並沒有直接翻譯的野生天然酵母名詞，在使用時，他們會說是starter，描述方法時會說是sourdogh bread，而一般商業酵母，就是yeast，這樣完全不會搞混，也不會繞口又讓人搞不懂。所以說，野生天然酵母和天然酵母、商業酵母大大不同，但也有許多相同點，因為萬流歸宗，根源都是野生天然酵母。如同小麥麵粉一樣，小麥磨出來是全麥小麥麵粉，為了成品口感更好，就調配出粉心粉、高筋麵粉，這些粉都是從全麥麵粉中抽離部分組合而成。

野生天然酵母和天然酵母、商業酵母大大不同，但也有許多相同點，因為萬流歸宗，根源都是野生天然酵母。

本頁攝影：雜麥者

天然酵母魅力無窮

各類酵母的根本是野生天然酵母。存在自然界的天然酵母包含益生菌和酵母菌，益生菌就像優酪乳一樣，可助消化，而且其獨特酸味能增加麵包風味。

早年埃及人意外發現，放久的麵團會發酵，有點酸，但烤後吃起來口感完全不同，這是麵包的雛型，是自然菌落在麵團裡發酵形成的。此後，麵包都用野生天然酵母製作，大家都吃紮實、微酸的野生天然酵母麵包。而拜科技發達之賜，加上市場需求，麵包烘焙業者想快速做出大量麵包，減少製作流程變因，專家就從培養的野生天然酵母裡找出活力最強的幾株，拿到實驗室或控制的環境中，大量培養再製成乾酵母或新鮮酵母，這就是商業酵母，它也是來自自然，只是經過純化，只有單株的酵母，無任

何益生菌。就如同粉心粉一樣，只有澱粉，幾乎沒有其他營養成分。由於商業酵母只有少數菌種，又沒有益生菌，有些人吃了會覺得消化不良，聰明的酵母業者便想到，做出介於野生天然酵母及商業酵母之間的產品，就是商業量產的天然酵母。這有點像是國內市面上號稱的全麥麵粉（以麵粉加入麥麩）一樣。業者發現消費者懷念野生天然酵母麵包的風味，在抽離時也抽出部分益生菌，做成像是野生天然酵母、但又不是很完全的天然酵母，這種酵母的好處是有野生天然酵母的風味、好操控，方便業者控制變因進而大量生產。對於喜愛天然酵母風味的人來說，這也是折衷且不錯的選擇。

存在自然界的天然酵母包含益生菌和酵母菌，可以幫助消化，而且，酵母獨特的酸味能增加麵包風味。

獨特風味挑動味蕾

至於野生天然酵母，就是存在自然之中的天然酵母菌群，它們像植物一樣，尋找肥沃的土地生長繁殖，因此，我們利用水果的醣去吸引它們，再用麵粉續養。說起來，它是複雜的菌落，是個種族大熔爐，不但有不同種別的益生菌，更有難以計數的酵母菌種。也就因為它是個菌類種族大融合，才能創造出豐厚風味的營養麵包。

如果用人類來比擬的話，就像中國的唐朝興盛和現今美國的強盛，種族融合是重要因素。料理的好吃與否，豐厚度非常重要，麵包也一樣，美國舊金山的酸麵包 sourdough bread 才會如此馳名，吃的時候會聞到濃烈酸味，嘗起來卻沒那麼酸，撕開麵包放嘴裡，可以感受到多層次的味蕾感受。

總結來說，野生天然酵母真的不是那麼艱深的「微生物學」，說穿了，和小麥麵粉還真有點類似。如果想吃全營養麵包，當然是用全穀物的小麥麵粉製作，但受限於有麩皮及許多維生素，會影響發酵，口感一定不像大家習慣的軟Q；如果為了口感及方便製作，那就買高筋白麵粉，成功率高，也受一般消費大眾喜愛；如果想兼具風味及營養，回調的配方麵粉，就是不錯的選擇。

野生天然酵母就像全穀物的小麥麵粉，商業酵母就像白麵粉，商業量產的天然酵母就介於中間。

選哪種酵母製作麵包，沒有好壞，只是自己選擇。不過，野生天然酵母麵包從製作開始，就可讓人沉浸在豐厚風味的氛圍中，不像商業酵母那般，因為培養及製作酵母過程中加入一些材料，可能會有一股怪怪的味道。

當吃著百分百野生天然酵母製作的麵包，會挑起味蕾的生命力，所含益生菌也會讓人感到其對身體的好處。這就是為何歐美國家近年吹起復古風，不但採用窯烤、全穀物，更百分百使用野生天然酵母製作麵包，為的就是要讓大家重新認識古早味麵包的好。

春戀酵母舞出活力

親手呵護茁壯，培養自家酵母。

愛吃野生天然酵母麵包的人，總想自己在家試做看看。當然有許多人是功敗垂成，就以為養野生天然酵母很困難。

就如到麵包窯來參觀的烘焙店主廚一樣。他們覺得野生天然酵母應該不是很複雜難懂的生物，而且，很多書都描述得好像信手捻來，就可招來千軍萬馬的野生天然酵母，結果卻總是讓人失望。或許是運氣好，更或許是選對適合的季節，我在家或在麵包窯養酵母都很順利，因此，每當有人問起養野生天然酵母會遇到的難題時，會一時不知該如何答話。

真的！養野生天然酵母很簡單，就跟養寵物一般，不要太驕寵，也不要太不在意；更像是蒔花種草，不能澆太多水，但也不能一直忘了澆水，在家中環境生存的野生天然酵母，就會群聚接受供養，當然也會替主人出力。

幫酵母找新家

所謂功欲善其事，必先利其器。養野生天然酵母有必要的器具，但只要從自家現有的器具挑選就行，不必再去買專用器具，除非你堅持用有造型的器具才感心情愉快。

初養野生天然酵母，需要的器材就是乾淨的容器、水和水果（或果乾）、保鮮膜、橡皮圈及牙籤。

要什麼容器呢？以玻璃罐最佳，例如回收的食物玻璃罐，但是至少要高於15公分的高度，瘦高形狀較佳，不宜太小，才能容下未來的發酵膨脹。另外，玻璃要能透視，才能看到酵母的生長情形。至於要挑選什麼水果，

就隨緣。因為水果只是提供養分，誘引天然酵母住下來並開始大量繁殖，拿蘋果、葡萄、葡萄乾，甚至拿全麥麵粉都可以。有人嘗試過直接拿白麵粉加水，一樣可以吸引野生天然酵母居住。

請記住，野生天然酵母本身就一直生存在你我的居家環境中，每家都有，菌落組成也不同。餵養野生天然酵母，只是請它們住到我們提供的處所，並提供必要糧草，請它們幫我們做點事，起種使用的水果或果乾，都只是一個介質罷了。

養酵母的容器以玻璃罐最佳，並且高度大於15公分、瘦高形狀較佳，還要具透明穿透感。

玻璃瓶裡的大軍

由於葡萄乾是大多數家庭常見的材料，我們就以葡萄乾做示範，不論任何品牌都能使用。

為了防止黴菌搶先一步住進酵母的玻璃罐，可以先用熱水消毒一下，再以餐巾紙擦拭乾淨。先以60克為例，拿出些許葡萄乾對切，放進玻璃罐中，再秤好３００克的過濾水，或是煮開過的涼開水（避免含氯太高，殺了野生天然酵母菌），倒進玻璃罐裡，重點是水的高度要是葡萄乾的兩倍以上。

其實，只要有營養的食物，野生天然酵母就會群聚大吃大喝，並且大量繁殖，最後組成一支強有力的軍隊。這裡為了方便初養者，才訂出比例和重量，有多次經驗後，就會發現比例沒那麼重要，葡萄乾的比例高些，沒關係，但不能太少，可以先切開，幫助養分溶解，否則酵母大軍還沒組合成功，黴菌大軍鳩佔鵲巢，先發黴了，就得重新來過。

葡萄乾和水都放進玻璃罐後，先輕搖一下，讓葡萄乾都浸到水，半浮在水面。如果罐子有瓶蓋，就把瓶蓋鎖上；如果沒有，就拿保鮮膜封住瓶口，再用橡皮筋勒住，最後拿牙籤在保鮮膜上輕戳幾個洞。到這裡就完成準備工作，接下來就是等待。把玻璃罐放到陰涼地方，因為野生天然酵母喜歡涼爽溫度，根據資料，野生天然酵母的活力在攝氏28度以下最大，超過28度，活力就降低，這和商業酵母發酵時都設定在37度左右不一樣。這就是為何我喜歡選在春、秋兩季養酵母的原因。

完成準備工作後，就是慢慢等待，但不必時時去察看，一天察看一、兩次就夠了。如果有瓶蓋的話，察看時可以打開瓶蓋透氣一下，也讓更多菌可進入。氣溫高的話，一、兩天就可以看到葡萄乾下沉沒頂，水面有一些氣泡產生。

1

拿出約 60 公克的葡萄乾。

2

同樣秤好 300 公克的過濾水或煮過的涼開水。

3

葡萄乾和水都放進玻璃罐，讓葡萄乾都浸到水，並蓋上瓶蓋。

4

也可以用新鮮切半的葡萄，以等比例的水一起放入玻璃罐中。

5

完成準備工作後，就慢慢等待，一天內察看一、兩次就可以。

野生天然酵母的活力在攝氏28度以下最大，超過28度，活力就降低，所以春、秋兩季最適合養酵母。

攝影：舞麥者

餵養酵母有技巧

野生天然酵母內含益生菌和酵母菌兩個族群，它們怕熱又怕冷，太熱和太冷都會造成活力降低。有趣的是，兩個族群喜好的氣溫層不同，溫度高些，益生菌活力較強，繁殖速度比酵母菌快，很容易就酸掉；太冷，酵母菌和益生菌活動力都變弱。所以培養野生天然酵母的最佳室溫是在攝氏16度到26度之間。

當罐內水面有許多氣泡時，就進入第二階段。

拿出濾網（也可以不必濾網），小心把含有氣泡的葡萄汁液倒出來秤重。原有的玻璃罐倒掉葡萄乾後，再把秤重後含有氣泡（搖動後可能看不到氣泡了）的汁液

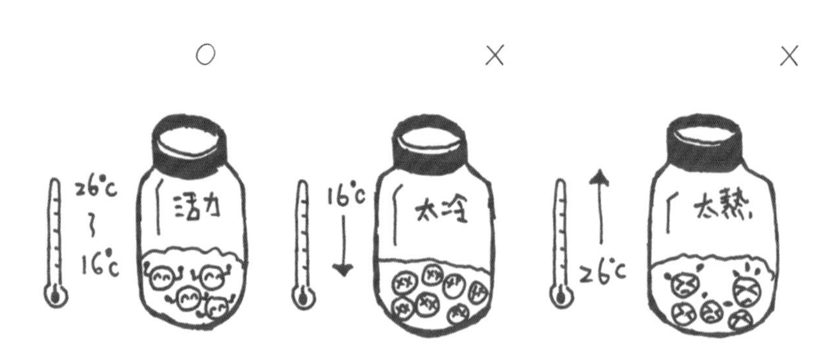

倒入原有的玻璃罐，或另外準備體型較大的玻璃罐。接著，秤出和汁液一樣重的高筋麵粉，倒進玻璃罐中，拿攪拌棒輕輕攪拌均勻。再鎖緊瓶蓋或用保鮮膜封口，用牙籤刺幾個小孔，放到陰涼處，等待野生天然酵母利用麵粉養分繁殖出大軍。

餵了麵粉的汁液，夏天要靜置約8小時以上，冬天可能要等到第二天，就可以看到濕麵團裡有許多大氣泡，而且開始膨脹長高。由於野生天然酵母吃光麵粉的養分後，活動就停止，不再產生二氧化碳撐住麵筋氣室，濕麵團就會下降。

而玻璃罐壁會留下濕麵團的痕跡，因此，看到濕麵團長到最高再下降，顯示罐內野生天然酵母菌已繁殖到最大量，迅速吃光養分，處於飢餓狀態，必須立即再餵養麵粉，軍容才會迅速壯大。第二次餵養的麵粉與水的比例，就可改為跟平時要用的烘焙百分一樣。我習慣維持70%，也就是水是麵粉的0.7倍重。至於麵粉要多少，就看要做的麵包數及續養容器大小而定。

餵了麵粉的汁液，夏天要靜置約8小時以上，冬天要等到隔天，就可以看到濕麵團裡有許多大氣泡，開始膨脹長高。濕麵團長到最高再下降，顯示酵母菌已吃光養分，必須立即再餵養，軍容才會壯大。

活潑酵母的啟蒙課

親自動手做，神奇盡在不言中。

知易行難，凡事只有動手做，學最快。既然知道野生天然酵母優點，先前也說過養酵母不難，那就動手在家養酵母吧！

話說酵母和細菌一樣，存在你我生活的空間裡，俯拾皆是，所以要養野生天然酵母就要設法抓來養。可是那麼細微的生物怎麼抓，又不是上山打獵，可以硬來。對於微小到讓你看不到的生物，唯一的方法大概就是利誘吧。

攝影：舞麥者

◉馴養酵母四階段

Step1

❶開始誘養酵母

誘捕酵母的最佳方法，當然就是用食物，選擇新鮮葡萄或葡萄乾皆可，做法都相同。考量到方便性，就用葡萄乾。材料也很簡單，拿個高瘦的玻璃罐、葡萄乾600公克、過濾水300公克、保鮮膜、牙籤，如有瓶蓋，就不必保鮮膜和牙籤。

玻璃罐先用熱開水涮過，清除裡面可能有的雜菌，再用餐巾紙擦乾。把葡萄乾通通放進玻璃罐內。把過濾水倒進玻璃罐內，輕輕搖幾下，也破壞水的表面張力，讓葡萄乾都能浸到水中。

蓋上瓶蓋或用保鮮膜封住瓶口，再以橡皮筋束緊，拿牙籤在保鮮膜上輕刺約10個小洞。把玻璃罐放到陰涼處。溫度最好是攝式20度到26度之間。第二天，觀察一下，應該還沒氣泡，如用瓶蓋封住，就打開瓶蓋透一下氣再蓋上，順手輕搖幾下，讓葡萄乾能完全浸入水中。使用保鮮膜就只要輕搖即可，因有刺氣孔，就不必再解開保鮮膜。

第二、三天，依前項動作再做一次。直到看到葡萄乾之間有氣泡，就不必再搖。但還是要開瓶蓋透氣，防止發酵過強，玻璃罐爆裂。大約七天左右，葡萄乾之間已有不少氣泡，表示誘引野生天然酵母戰術成功，準備進入第二階段。

誘捕酵母的最佳方法，當然就是用食物，考量到方便性，葡萄乾是最佳選擇。

1

清洗乾淨的玻璃罐，依比例加入葡萄乾或新鮮葡萄、過濾水、糖，蓋好瓶蓋，水的高度至少要是葡萄乾的兩倍。

2

第二天應該還沒氣泡，如用瓶蓋封住，就打開瓶蓋透一下氣再蓋上。

3

第三天，依前項動作再做一次。

4

到了第四天，已有些許氣泡產生。

5

第五天，已明顯產生較多氣泡。

6

大約七天左右，葡萄乾之間已有不少氣泡，表示誘引野生天然酵母戰術成功。

攝影：舞麥耆
圖1、2為葡萄乾
圖3～6為新鮮葡萄

Step2

續養酵母小妙招

進入第二階段前，請先準備一些麵粉、玻璃杯一個、攪拌棒、電子秤。

把玻璃罐中已有氣泡的汁液輕輕倒到玻璃杯，秤汁液重量。把罐中的葡萄乾倒掉，玻璃罐不必清洗，直接把秤過重的汁液倒回玻璃罐，再秤好與酵母汁液同重的麵粉，倒進玻璃罐輕輕攪拌，直到麵粉與水完全溶解成糊狀。蓋上瓶蓋或是用保鮮膜封住，這次不必刺氣孔，一樣放到陰涼處。約8到12小時，就可以看到玻璃罐中的麵糊已劇烈膨脹，中間有許多的氣孔。

第二天，再秤200公克麵粉及140公克的過濾水，先加水到已膨脹到最高再下降的發酵麵糊中，攪拌均勻後再加入麵粉，攪拌均勻。蓋上瓶蓋，放置陰涼處。

第三天，玻璃罐如果不夠大，罐內酵母麵糊可能衝出罐外，甚至擠開瓶蓋。這表示，誘養野生天然酵母成功，可以拿來做麵包了。

請大家注意，第二次加麵粉和水，我習慣用麵粉與水的比例為1：0.7，那是為了方便之後做麵包。就烘焙百分比來說，麵粉是100%，水就是70%，所以採用同樣比例續養野生天然酵母；如果覺得太濕，也可以改變比例，水放少一點，續養時就以同樣比例操作，可以減少製作麵包時的變因，不必一直調整麵團的乾濕度。

1

把玻璃罐中已有氣泡的汁液輕輕倒到玻璃杯，秤汁液的重量。

2

取出與酵母汁液同重量的麵粉，倒入鋼盆。

3

攝影：舞麥者

將酵母汁液倒進麵粉裡輕輕攪拌，直到兩者完全溶解成糊狀。

4

將麵糊放入瓶內、蓋上瓶蓋，放到陰涼處。

5

約 8 至 12 小時，就會看到罐中麵糊已劇烈膨脹。

餵養酵母的麵粉與水比例，以烘焙百分比來說，麵粉是100%，水就是70%，所以採用同樣比例續養野生天然酵母，但可視各人喜好調整。

Step3

正式啟用酵母

剛培養好的野生天然酵母，可以直接加入麵粉中製作麵包，此時酵母所佔的烘焙百分比大約為麵粉重的20％至30％，Lesson1中所提的比例是取中間值，故為25％。若以麵團總重來計算，野生天然酵母的量約佔總麵團重的10％至15％之間。

請千萬記住，只能多做，不能少做，否則野生天然酵母麵團用光了，就糗大了。萬一怕真的用光，就請先保留10公克或20公克當做種母，麵團裡少個10公克野生天然酵母，影響不大，但這樣就可以續養，不必重頭養起。

一般家庭不會天天做麵包，但野生天然酵母大軍雖不工作，卻依然需要糧草，所以，每次留下的種母不必太多，養太多兵馬會吃太多糧草，既浪費又不環保。建議保留約100公克，直接放冰箱，降低野生天然酵母的活動力，還可以讓它們維持一週的能量。

大約7到10天後拿出來，去除50公克的舊種母，秤100公克的麵粉及70公克的水，加進種母裡再攪拌均勻，封好，直接放到冰箱裡續養。

舉例來說：以一次做10顆250公克重的麵團，總麵團重是2500公克；野生天然酵母的量＝2500公克×10％至2500×15％，也就是250至375公克之間。

Step4

凍藏酵母菌種

如果長時間不做麵包，每週餵養很浪費食材，可以把種母直接拿去冰凍，冷凍三個月應該沒問題。

野生天然酵母是生命力很強的生物，遇到惡劣環境，外層就有保護作用，像進入冬眠一樣，冷凍不會完全殺死它，甚至高溫烘烤都還會有菌種存活下來呢。所以，野生天然酵母麵包放在室溫會逐漸變酸，是因為沒被烤死的野生天然酵母回到合適的溫度又開始繁殖，不是壞掉，只是風味更強。

不論放冷藏室或凍藏的種母，因為活力不足，都不能直接拿來加進麵團。就像休息太久的軍隊一樣，筋骨沒拉開，就沒戰力，要先操練一次，才能上戰場。冷藏的種母不必退冰，但凍藏的種母在續養的8小時前，得先拿到冷藏室退冰。

為了增強活力，最好在做麵包的前兩天就重新續養種母，製作麵包前8至12小時（依季節而定），再攪拌好製作麵包所需的野生天然酵母，並且不要放冰箱，就在室溫下發酵，等到酵母麵團膨脹到最高再下降，就是做麵包的最佳時刻。

不論放冷藏室或凍藏的種母，因為活力不足，都不能直接拿來加進麵團。為了增強活力，最好在做麵包的前兩天，就重新續養種母。

1

從罐底就可看到酵母的孔洞。

2

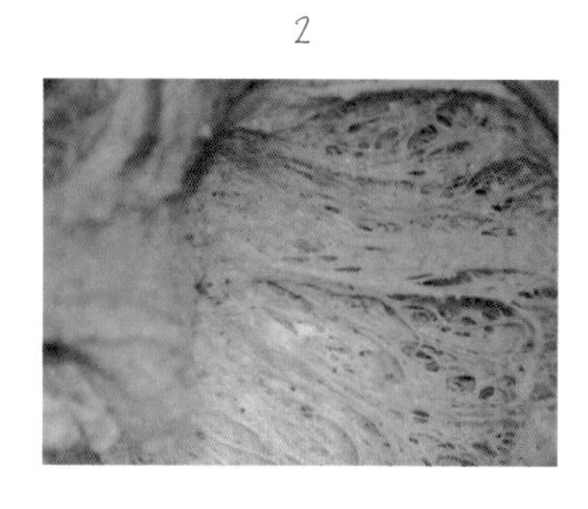

野生天然酵母的發酵情形。

3

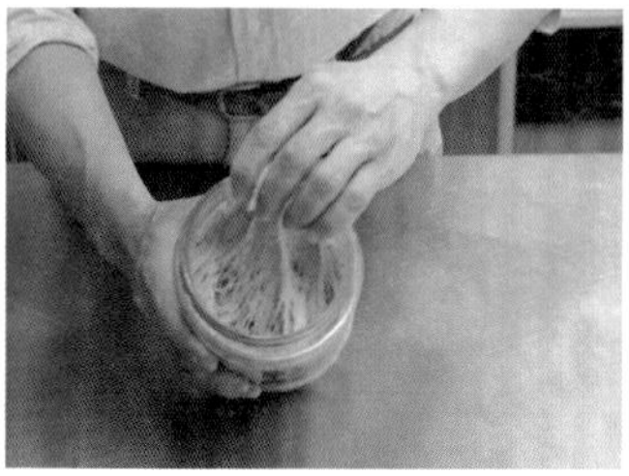

拉起麵團可看到氣室密佈。

4

分別從新鮮的葡萄、葡萄乾
培養酵母的發酵情形。

5

發酵良好的內部情況。

攝影：舞麥者

本頁攝影：舞麥者

野生酵母小學堂

隨著科技發達，會覺得這個世界好像越來越複雜，越來越難懂。不過，這好像不是定律，因為，許多簡單的事反而越複雜，就像野生天然酵母一樣，它是存在生活周遭的生物，除了無菌室，我們躲不開它們。就生理構造而言，它們只是簡單的生物，但是在烘焙界裡，它卻成為最複雜的事，各家說法不一，各有各的理論，自成一套系統。

因此，在美國、澳洲等地，有的烘焙坊強調他們的野生天然酵母是傳自歐洲上百年老店的野生天然酵母，風味最夠；有的拿不到傳承百年的野生天然酵母，標榜他們的酵母最多樣，因為他們利用不同水果或穀物，培養出不同風味的野生天然酵母，讓麵包有淡淡的水果香。

有些事，只要信其有，信心就增加，做起來更快樂。烘焙師傅如果虔誠相信自己遵奉的理論，也可以做出能力所及的好麵包。

就像野生天然酵母一樣，如果深信自己使用的是傳承百年的野生天然酵母，充滿信心及幸福感的烘焙師傅，就能做出最好的麵包。如果深信自己有多樣風味的野生天然酵母，可以做出散發不同果香的麵包，相信也可以把烘焙師的功夫發揮極致，做出自己滿意的麵包。

◎酵母學問知多少

Q：百年野生天然酵母真的那麼神嗎？

根據外國的烘焙教科師及相關書籍，美國的科學家曾就傳承百年的野生天然酵母做分析。他們向歐洲傳承百年的麵包店，拿取野生天然酵母樣本，再一一分類檢視有那些益生菌和酵母菌，接著帶回美國繼續餵養，定期取樣並分類、檢視列表。

讓他們感到意外的是，歐洲傳承百年的野生天然酵母，到美國後開始變種了，內含益生菌和酵母菌，部分繼續存活，部分變得不一樣。也就是說，歐洲傳承百年的野生天然酵母，因環境、濕度及溫度等條件的改變，經過時日，已經不再保有原來樣貌，變成美國某地的野生天然酵母了！

就科學上，這是合理的，因世界各地環境不同，空氣中強勢的益生菌和天然酵母都不一樣，A菌適合在甲地生存，不見得適合在乙地生存。所以說，傳承百年是個意象，卻不見得那麼真實。

不過，在自家養的野生天然酵母會像酒一樣，越沉越香、越養越乖，雖然沒科學理論，但就個人經驗及邏輯推論，這是合理的。因為既然是天然野生酵母，就是優勝劣敗的物競天擇結果，經過越長時間，適合生存的酵母就越旺，不適應的被淘汰。又如蘋果樹一樣，在日本等溫帶地區的蘋果就是好吃，但移到台灣種植，雖經多方改良，口感及甜味、風味等就是比不上原產地的蘋果。

Q：不同食材養的野生天然酵母真有不同風味嗎？

隨著野生天然酵母麵包風行，國內也吹起自養野生天然酵母風潮。眾所皆知，要養野生天然酵母方法只有一種，但起種用的材料又是五花八門，有人用全麥小麥麵粉、有人用葡萄乾、有人用新鮮蘋果、有人用新鮮葡萄，不一而定。

傳言說用不同食材養出來的野生天然酵母，就會帶著那種食材的淡淡風味。這樣的說法只答對某些部分，那就是，如果每次都是使用新的起種野生天然酵母，那就可能帶有淡淡的食材味，不過，如果使用的是續養的野生天然酵母，食材香就會越來越淡，甚至完全沒有。

利用野生天然酵母做的麵包會散發食材的淡香，原因應在起種時是把食材泡在水裡，這些含有野生天然酵母的水，最後拿來加入麵粉當種母，水本身就含有原食材的味道，拿來當酵種，當然就會有起種水果的香氣。如果酵種加水和麵粉一直續養，原有水果風味不斷被稀釋，幾次以後，氣味當然「蕩然無存」。

有一種狀況確實會有起種食材的風味，那就是每次都是重新起種，不使用續養的酵種，使用新起種酵種的麵包，就可能存有起種食材的風味，但風味應該非常淡。

Q：養野生天然酵母為什麼會發黴？如何避免？

大家應該知道黴菌喜歡居住在營養、潮濕、高溫的環境，和我們培養野生天然酵母的環境相同，當培養瓶裡有水、有養分，溫度又不低，黴菌也會與野生天然酵母共同生存。不過兩者的特性並不相同，最重要的是兩者的需氧量不同，所以要避免黴菌並非難事。

首先，使用的玻璃罐要用開水先燙過，去除已先附著在玻璃罐內的雜菌。接著，浸泡引種食材的水，要用煮開過的涼水或是過濾掉氯氣的水，以免氯氣妨害天然酵母的生長、繁殖。水量也要注意。雖然水與引種食材的比例可以隨性變化，但水的高度至少應是引種食材的兩倍，要讓引種食材能浮在水面且與底部有段距離，讓引種食材可以完全沒入水中。

這是因為黴菌的需氧性高於酵母菌及益生菌，浮出水面的食材因為高濕度且有養分，會成黴菌生長的最佳環境。引種食材如果完全浸入水中，就可防止黴菌生長。有些引種食材密度小，必定會浮在水面，露出部分面積，要解決這個問題就是，每天打開瓶蓋或是保鮮膜，輕輕搖幾下，讓水覆蓋過引種食材，就可以避免發黴。

Q：培養野生天然酵母的容器？

就科學上來說，只要是能裝水的容器都可以，但為了方便觀察且提高成功率，最好使用高瘦的透明玻璃瓶，有無瓶蓋皆可。

至於使用高瘦型，這是經驗累積。有不少朋友培養酵母失敗，追問之下，才發現他們謹守網路上配方的數據，使用矮胖的玻璃瓶，因為水不夠多，引種食材就「站」在水中，有大半面積露出水面，酵母還沒繁殖成功，黴菌已先進住。高瘦玻璃瓶可以加高水深，讓引種食材完全浸入或漂浮在水面，自能防止黴菌滋生的問題。

Q：第一次餵養麵粉的時機？

野生天然酵母的繁殖跟氣溫有絕對關係。根據外國研究，野生天然酵母繁殖最快的溫度是攝氏28度，溫度上升，繁殖速度就減緩，溫度下降也一樣，攝氏零度以下的環境就停止（但不會全死喔）。

因此，餵食培養野生天然酵母的最好時間，並無絕對數字。夏天放置陰涼地方，大約3至5天即可，冬天就要一週左右，寒流來襲時還要更長。如果是初次餵養的人，可選擇春、秋兩季培養，因溫度適中，成功率較高。

至於氣泡多少才產生？一樣沒有標準答案。其實，開始出現氣泡，就顯現瓶內已有野生天然酵母居住且繁殖，它們吃了引種食材的養分，消化後才會出現氣泡，這時候馬上餵養麵粉，就能成功，只是初次餵養的爆發力可能不大，但重複餵養幾次，效力應是相同。

Q：取得液種後，餵養麵粉的正確比例？

培養野生天然酵母的罐內液體，如果已出現許多氣泡，代表已有大量的野生天然酵母，可以過濾出來開始餵養麵粉。剛開始餵養，麵粉與水的比例是一比一，這種比例會讓麵團像麵糊，也能讓野生天然酵母生長得較快。請注意，第一次餵養的野生天然酵母麵種會出現噴發的現象，所以要用大一點的容器，以免溢出，時間大約需要8小時左右。

等到麵種漲到最高再下降後，就代表可以再餵養了。這現象顯示瓶內酵母已吃光養分，正值兵強馬壯、兵馬最多之時，再不餵食，食物就不夠吃了，這時再餵養可以讓酵母總數再倍增。第二次餵養的比例，並沒有絕對標準，外國烘焙坊有的用液態麵種，有的用乾麵種。而既是天然就隨性吧，不過，為了方便，還是採用固定比例較好，也方便做麵包時計算配方水分比。建議比例為水是麵粉的70％，等於說，麵粉１００公克、水70公克。之後的續養也如此，使用固定比例，就能精算出烘焙百分比。

Q：野生天然酵母餵養相隔時間？

野生天然酵母麵種裡面，有活躍的酵母和益生菌，它們一直努力吃食並繁殖，食物吃光了，就會開始衰亡。由於氣溫會影響活動力和繁殖力，餵養時間就跟氣溫有關。在一般室溫下，夏天餵養的間隔要更密集，冬天可以撐久一點。

只是一般家庭不可能天天做麵包，野生天然酵母的續養，就要依賴現代化的冷藏技術。餵養後的野生天然酵母放進冰箱內冷藏，之後維持一週餵養一次即可。冰藏過的野生天然酵母要再使用時，就必須先經過一次的餵養才能使用，不能拿出來直接用，效果差很多。這像部隊一樣，後備部隊要再上戰場前要先召訓，經過訓練才能送上戰場，否則鬆散慣了的部隊戰力，是遠不如在戰場上一直征戰的士兵。

Q：長時期不用的野生天然酵母，該如何保存？

酵母菌和益生菌是很堅韌的生物，遇到惡劣環境有的會死亡，有些會自我保護形成保護層，等到環境轉好後，脫去保護層繼續繁殖。如果長期不使用，可以把野生天然酵母麵種放到冷凍庫保存，放個半年、一年都沒問題。但要注意的是，經過冷凍的野生天然酵母麵種，剩下的兵將已不多，退冰後一定要經過兩次以上的再餵養，待其恢復活性後，才能拿來做麵種使用，也可避免重新蓄養的麻煩，所以若長期不用，不如重養。

Q：麵包的野生天然酵母麵種比例？

一般烘焙坊使用商業酵母或量產的天然酵母，都有一定的比例，但要添多少野生天然酵母麵種，卻沒有絕對標準。以個人經驗而言，若針對烘焙百分比，約是15％至30％，因為各家的野生天然酵母麵種活動力不同，使用的比例就會有差距，如果不怕酸味，多加一點，活力當然更強。

PART 3

手感之戀

揉、捏、拍、打與呵護，
帶著製造驚喜的雀躍心情，
為自己，為家人，為朋友，
創造出帶來幸福的麵包。

動手烘焙出人生樂趣

知識教戰守則，準備大展身手。

烘焙麵包最關鍵的器具就是發酵箱和烤箱，當然啦，還有一件事讓有纖纖玉手、且無縛雞之力的朋友們感到苦惱，那就是揉麵團。其實，這都是小問題，「No Problem」。我最早期就是利用自家的30公升小烤箱烤麵包，沒有發酵箱，就拿外出用的保溫冰桶湊合著用；至於揉麵包，歐美早就流行免揉麵包，尤其喜愛口感較不Q的「麵包控」更是風行此法。

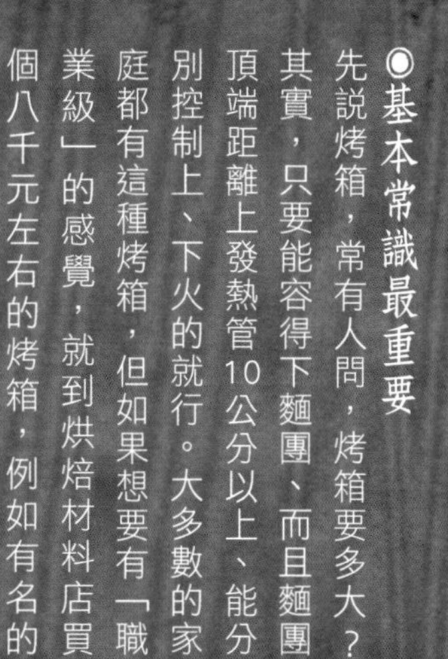

◎基本常識最重要

先說烤箱，常有人問，烤箱要多大？其實，只要能容得下麵團、而且麵團頂端距離上發熱管10公分以上、能分別控制上、下火的就行。大多數的家庭都有這種烤箱，但如果想要有「職業級」的感覺，就到烘焙材料店買個八千元左右的烤箱，例如有名的Dr.Goods 半盤烤箱，就很好用了。

如果想讓效果再更好些，也不必跳級去買更職業級的烤箱，國外烘焙坊都建議去買塊石板，或放塊厚磁磚。我以前也買石板放在大台的二手烤箱，但台灣近年來的烘焙課與陶瓷業漸漸更發達，已有鶯歌陶瓷業者做出專供半盤烤箱使用的陶板，只要照著說明放在烤箱底部，就能發揮意想不到的效果。

熱能掌控美味關鍵

許多人會狐疑烤箱大小的差別在哪裡？告訴你，就在熱能。這樣說，還是有許多人搞不清楚，簡單的說，就是烤箱內部能蓄積的溫度到底有多高。例如市價兩、三千的烤箱，一樣有上下火，由於熱能較小，加上隔熱不佳，雖然控制器上標示220度，但中心溫度大約只有攝氏150度左右。

像Dr.Goods這樣的半專業烤箱，烤箱內的熱能散失較少，放進麵團後，中心溫度就能升到180至200度，這是歐式麵包較適宜的溫度。由於烤箱的前門是玻璃，隔熱效果差，若加入石板來蓄積熱能，箱內溫度相對穩定。尤其當我們禁不住好奇、打開那扇門時，熱能會迅速散去，再度關上門，陶板蓄積的熱能可以快速補充，箱內溫度不會有激烈變化，烤出的麵包自然好吃。這也就是為什麼加了石板，預熱時間要加長的原因了。

另外，控制溫度變化大跟烤麵包有啥關係？眾所皆知，麵包會膨脹是因酵母菌轉化麵團裡的醣類時，會產生二氧化碳，這些小氣泡因為麵包的筋度在麵團裡形成一個個隔離氣室。當空氣遇熱就

攝影：舞麥者

會膨脹，而且氣體的膨脹速度最快，瞬間高溫會讓熱能快速滲透進麵團，裡面的氣室就會膨脹，讓麵團長大又長高。

烤箱內部核心溫度越高、越穩定，麵包烤烘效果相對變好。當然啦，如果能買一台附石板、蒸氣的專業烤箱，就能做出跟麵包店一樣好吃的麵包了。只是，這樣會很佔空間，除非真的是烘焙迷，否則不必那麼費力。

烤箱內部核心溫度越高、越穩定，麵包烤烘效果較好。因此在烤箱內加入石板來蓄積熱能，箱內溫度就能相對穩定。

冰箱化身發酵箱

攝影：舞麥者

有不少喜歡烘焙的人，會煩惱沒有發酵箱。其實，在自家做麵包，數量通常不大，大可不必為了做一點點麵包而去買發酵箱，如果大家都想要按照麵包店的配備，恐怕家裡就得隔出一間麵包工作室了。

發酵箱的用途是讓麵團在穩定合適的溫度下發酵，使野生天然酵母菌能快樂且快速的繁殖，並轉化成醣類。這裡教大家的使用的是自己養的野生天然酵母，第一階段的長時間低溫發酵，就可借助家裡的冰箱，既方便又不必再花錢。

比較苦惱的是第二階段的發酵。由於需要低於攝氏26度、高於20度的溫度，夏天太熱，發酵太快會酸，吹冷氣有時會難以控制；冬天太冷，發酵時間過長，時程無法控制，若常溫發酵過久，最後也可能會過酸。此時，要省錢又好用，家裡外出冰飲料的冰桶就可以派上用場啦。

冬天天氣冷，不論是蓄養酵母或是第二次發酵，都可把麵團或酵母放保冰桶，視氣溫倒一杯或兩杯熱水，也放到冰桶內，蓋上冰桶蓋，就是一個簡易發酵箱了。夏天太熱，可以拿些冰塊放在底部，但蓋子要微開，以免溫度過低，酵母冬眠睡著了。

發酵箱的用途是讓麵團在穩定合適的溫度下發酵，家裡的冰箱或是外出用的冰桶，都可以視情況變身為發酵箱。

揉麵技巧大公開

最後要講到揉麵團。其實，因為我們的方法是採低溫長時間發酵，麵團就不需揉得太出筋。

一般而言，如果用手揉，大概15分鐘、甚至10分鐘就已足夠。當然，揉捏時間沒有標準，若想要口感Q一點，就揉久一點，把筋度揉出來；若不喜歡太Q的嚼勁，就少揉一會，甚至可以不揉。

事實上少了手揉，麵包的烤焙效果一樣好，也就是說，烤出來的效果和手揉15分鐘完全相同，只有口感稍有不同，少了Q度而已。所以當懶得揉麵團時，也不必擔心，一樣可以做出夠味又好吃的麵包。

少了手揉，麵包的烤焙效果和手揉15分鐘完全相同，只有口感稍有不同，少了Q度而已。

◎九步驟練習做麵包

有沒有這樣的經驗，到麵包店剛好遇到麵包出爐，大家通常會陶醉在空間裡瀰漫的淡雅香味裡，這種讓人愉悅的感覺，促使很多人想自己試做麵包。

在家做美味的麵包雖是許多人的夢想，卻又覺得遙不可及，擔心家裡器材不夠，技術不好。這樣的考量當然沒錯，但器材和技術，只會影響最後品質的一小部分，自己動手做，知道自己用了什麼食材，還可以享用美妙成果，那

種快樂和成就感，可是大大抵銷那一點點的品質落差。在家做麵包，以一般家庭來說，現有的器材應經已經足夠，而最重要的是烤箱，如果有半盤的專業烤箱當然最理想，不然家裡一般能烤雞的烤箱就可以了。

現在，我們以製作6顆各重300公克麵團的核桃葡萄麵包做範例，帶大家進行手作練習，為了提高成功率，以全高筋麵粉為主，不添加雜糧或其他全穀物粉，請大家跟著步驟做，希望大家第一次練習就能成功！

Step1

拌麵團前12小時

請先準備舊麵種40公克、麵粉105公克、水75公克。如果是冷凍的野生天然酵母麵種，需提早一天拿到冷藏庫退冰，冷藏的麵種拿出來要先翻養一次，翻養就是退冰後餵食麵粉與水，發酵約12小時。

我們慣用的野生天然酵母大約是麵團重量的10～15％，6顆300公克麵團需要180公克的麵種，因此，拿出約20公克的舊麵種，先加進65公克的水，稍微攪拌後，再加進95公克的麵粉，揉勻不必出筋，放在容器內密封靜置約8小時，等待野生天然酵母菌的大量繁殖。

Step2

拌麵團30前分鐘

拿出葡萄乾90公克及核桃90公克，用水沖洗之後，再用過濾水浸泡，水面淹過食材即可。

Step3

開始正式拌麵團

先準備高筋麵粉820公克、麵種180公克、黑糖41公克、初搾橄欖油24公克、鹽12公克。把泡葡萄乾及核桃的水瀝出，瀝出的水再加入過濾水到574公克。

先把水倒入鋼盆裡，加進天然酵母麵種捏散，再加入黑糖、鹽、初搾橄欖油和麵粉；再把麵粉倒進鋼盆，攪拌直到粉水完全融合成麵糊。再把麵糊移到流理台上，但要先撒麵粉防止沾黏，開始用力但不急不徐的揉麵團。麵團到底要揉多久？要看個人口味決定。如果想吃Q一點，就揉到有玻璃窗效應，想吃歐式感的，只要20分鐘、揉到光亮即可，當然個人力道和技巧也有影響。但是，揉得足夠與否，影響最後發酵的結果並不大，就如前述，只是口感不同，國外還有人推動免揉麵包，完全依賴麵筋自動鏈結形成筋度呢。麵團揉得差不多，就把它壓平，再把瀝乾的葡萄乾及核桃均勻鋪上，用手輕壓到麵團裡，再對切重疊、壓平、對切、重疊，重覆三、四次，讓餡料能均勻分布。

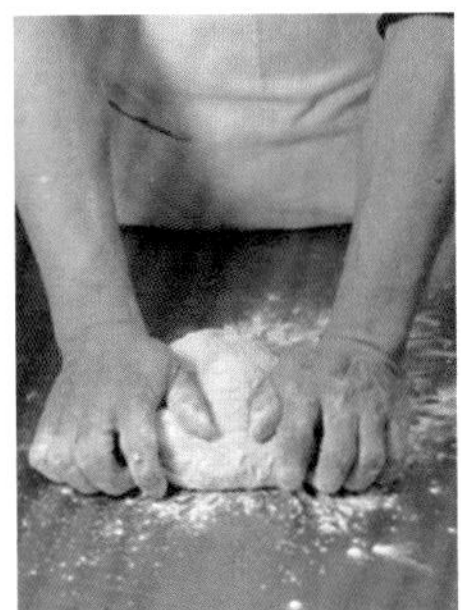
攝影：掰麥者

麵團揉捏時間，沒有標準，不管揉得夠不夠，影響最後發酵結果不會很大，只是最後的口感不同。

Step4

第一次低溫發酵

把揉好的麵團放到密閉容器，或是放到鋼盆裡，再用保鮮膜封住，放到冰箱裡低溫發酵。時間約要8小時以上。

Step5

烘焙前5小時

把冰箱裡的麵團拿出來回溫。夏天放在冷氣房裡，冬天放在比較溫暖的地方，若是寒流來襲，可以把麵團放到保溫箱內，再放一杯溫開水保溫。請注意，回溫空間的溫度最好不要超過攝氏26度。

Step6

烘焙前1.5小時

先在流理台上撒麵粉，把回溫且已發酵的麵團放置其上，開始分割，每顆300公克，再整圓並靜置。

Step7

整型

麵團靜置約15分鐘後，開始整型，想做什麼形狀隨自己的喜愛。方法很簡單，只要把麵團壓平，再把它慢慢捲起來即可。做好後，放在撒了粉的烤盤或帆布上，等待第二次發酵，約60分鐘。

Step8

烘焙

烘焙前40分鐘打開烤箱開關預熱，上下火約攝氏210度。拿刀片在第二次發酵已完成麵團上劃幾刀，再放烤箱烤25分鐘。剛入爐時，可往爐內噴些水霧，增加表皮厚度。烤25分鐘見麵包表面呈咖啡色即可拿出，輕敲底部如有清脆的叩叩聲，就是熟了；也可拿溫度探針刺入麵包測試，如達攝氏92度以上就是熟了。

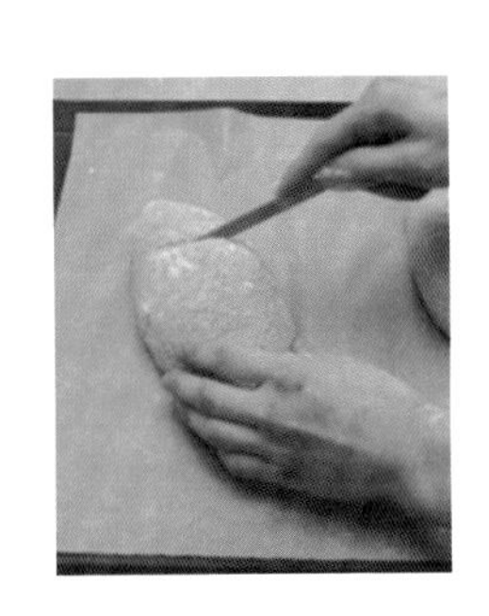

Step9

放涼

烤熟麵包取出放涼，20分鐘後，就可享用了。請記得，歐式麵包要切片吃，才能享用外脆內軟的滋味。若隔天才要享用，因為野生天然酵母麵包其含水量高，就算再進烤箱回烤，風味依舊不變呢。

攝影：舞麥香

◎課後疑問解析Q&A

學做許多事，第一道關卡就是動手做，第二個關卡是鍥而不捨，如果有熱誠，多試幾次，終究會成功的。如果一試再試都不成功，那……，真的，就去買來吃吧。

看完「九步驟練習做麵包」，還是覺得滿腹疑問，擔心做出麵餅，而不是麵包？真的不必怕，只有動手做，才會發現自己也很厲害；如果第一次練習失敗了，那是普通厲害；再不成功，那就是比較不厲害，但一樣是厲害一族。

只要願意試，一定能成功。還有，很重要的一點，就是不要指望在家裡能做出跟麵包店一樣的麵包，重點不在技術，是在器材。麵包師傅如果只能利用自家器材，一樣做不出跟店裡相同的麵包。

既然疑問那麼多，那就看看是否遇到以下的問題，又該如何解決。

Q：材料重量要完全符合配方表？

烘焙並不是嚴謹的科學，所以西方烘焙書籍最早都使用量杯、量匙，或非數字顯示的磅秤，說明烘焙配方表只是參考。

再者，每家麵粉的含水量不同，每個品牌的麵粉濕度也不同，都會影響水量的使用。不過，初學者最好是按表操課，按照配方表上記載的數量秤重，至於麵粉含水量的差異，對用天然野生酵母做麵包的人，影響並不大，可以不必考慮。依個人經驗，最重要的是水量要精準，因為水會影響麵團操作的難易度，太濕黏的麵團對初學者而言，有時會像夢魘，黏得兩手不知如何使力，只好一直加粉，最後卻太乾，或是麵團裡會夾進太多未揉過的麵屑，出爐後會吃到麵屑。

Q：野生天然酵母一定要翻養？

如果家裡常做麵包，餵好的野生天然酵母放在冰箱，因為活動減低，糧草還夠讓它們存活一週，只是到了後期，糧草已經吃光，兵力開始損耗，戰鬥力變得不佳，如果直接拿出來使用，發酵力可能會不夠。

不論是我在澳洲拜訪的麵包店，或是自己的麵包窯，野生天然酵母至少兩天使用一次，都會先翻養一次，喚醒沉睡的雄獅兵團、增加戰鬥力後再使用。所以，做野生天然酵母麵包比使用商業酵母麵包更麻煩，必需再加入翻養一次的程序，在攪拌麵團前12小時拿出來加水、麵粉並攪拌均勻，等發酵到最高、開始下滑時，就是發酵力最好的時刻。

Q：做麵包一定要用冰水嗎？

答案是肯定的，除非是寒流來襲、溫度夠低，否則一定要用冰水。使用野生天然酵母做麵包，不怕溫度低，就怕溫度過高，因此建議使用冰水。

一般使用商業酵母的麵包店，因為怕溫度太高或太低，太高容易酸掉，太低會影響酵母發酵時間，就會計較麵團最後的溫度，精算加的冰量。而使用野生天然酵母做麵包，若是遇到寒流、室溫低於攝氏16度，可以直接用過濾的自來水，否則最好使用冰水。原因在於，室溫低，揉麵團時，麵團溫度不易升高；溫度若高於28度，麵種裡的益生菌繁殖得比酵母菌快，很容易就會有酸味。

Q：揉好麵團的最後適當溫度？

許多麵包教科書都有提到，揉好麵要測溫度，那是大量生產必要的控制變因，但在家做就不必那麼嚴格。因為揉好的麵包要放到冰箱裡過夜，冰箱的冷度約是攝氏4度正負兩度，因此，揉好的溫度只要高於6度、低於20度都可以。

為何要低於攝氏20度呢？因為揉好的麵團雖然直接放進冰箱，但麵團是慢慢的由外往內冷卻，核心溫度並非立即下降，麵團溫度如果太高，在下降的過程中，益生菌可能會先大量繁殖再冬眠，等到隔天回溫時，大量繁殖的益生菌再以倍數繁殖，最後可能會產生酸味，這也是建議使用冰水的原因。

Q：冰存麵團的器具？

建議選擇不鏽鋼材質最理想。主要是不鏽鋼器具的熱傳導性比較好，塑膠盆有隔熱效果，關係著麵團放進冰箱中溫度下降的速度，以及隔天回溫的速度。使用不鏽鋼器具，不論是冰存或回溫的效率都比較好。

Q：讓麵團不黏手的撒粉方法？

對正規的麵包店而言，做麵包過程中，很講究避免麵團黏手的撒粉技巧，許多麵包訓練機構，更是訓練出只撒出一層薄薄麵粉的技術。這是因為商業酵母麵包的麵團含水量較低，加上整型後到進爐烘焙的第二次發酵時間較短，夾進麵團的麵粉來不及吸水，會造成麵包出爐後含有生粉。若使用野生天然酵母做麵包，因其含水量高，整型後到進爐前的時間比較長，就不需那麼講究。撒粉的技巧是，抓起麵粉、稍微用力，從45度角往左撒（右撇子），目的在讓手粉散開，不要集中一坨就可以。

Q：第二次發酵的時間？

這個步驟其實是關鍵，也必需靠感覺，連舞麥者的功力都還沒練到一眼就看出的地步。不過，在春秋兩季，大約是一個半小時，在夏季，大約一個小時，冬季約兩小時。關鍵在於觀察麵團是否稍微膨起，不是膨脹一倍喔（商業酵母麵包才會膨那麼高），大約膨脹個三分之一，就可以準備烤了。這同時也是歐式麵包紮實的原因。使用全野生天然酵母做的麵包，不像商業酵母麵包那麼膨軟，個頭看起來雖然不大，但重量可都是沈甸甸的呢。

Q：進爐前一定要割麵皮嗎？

麵團進爐前，用刀在表層割一道切口，主要是要引導麵團在烘焙過程中，能在指定的位置裂開，而不是在表層最薄弱的地點裂開，一則為了美觀，再則是為了膨脹力，有割線可以讓麵包脹得更大。

由於目的在於美觀和膨脹，其實要如何割線並無限制，任何形狀隨君喜好。歐洲早年因為使用公共烤窯，為了方便辨認各家麵包，就利用不同線條做為辨識。就像法國知名的普瓦蘭（Poilane）麵包店，就以P字形做為標誌，看到P字就知道是普瓦蘭生產的麵包。

Q：一定要使用專業的刀嗎？

麵包割線當然有專用的刀，也就是長得像舊式刮鬍刀一樣，只是有點彎曲，以便斜角割線能割出薄薄的一層麵包，出爐時能有漂亮的曲線。

不過，不是每個麵包師傅都使用這樣的刀具，有人用手術刀，有人直接拿刮鬍刀片使用。所以說，要用什麼刀，隨個人喜好，重點是鋒利且夠薄，才能在麵團表層畫出美麗割線。如果真想用專業的歐式麵包割線刀，烘焙材料都有賣，只是價格並不低，倒不如去買刮鬍刀片裝在不鏽鋼筷上，便宜又好用。

Q：烘焙中的噴水量？

噴水的目的在使麵團表皮吸附水分，高溫烘烤後形成一層脆皮，而且，讓有點烤乾的麵皮變濕軟，有利後續的再膨脹。

如果使用窯烤，因為麵團水分完全被鎖在窯內，有點類似半蒸半烤，不需噴水也能形成脆皮，但使用電爐無法完全密閉，才要噴水霧。

請注意，為了避免形成過厚的麵包皮，只要輕噴即可，也可避免爐內溫度瞬間下降，影響膨脹效率。

Q：家用烤箱沒石板會影響膨脹效率？

那是一定的。

專業烤箱的隔熱效果好，家用烤箱的熱能很容易散逸，爐中本就不易蓄積太多熱能，一旦打開爐門，熱能就隨著飄出，爐中溫度容易急速下降，這對烘焙麵包的膨脹力影響很大。因此，麵包烘焙過程中，除非必要，否則不要開爐門，如果可以的話，去買一塊烘焙用的石板，就可以提高烘焙效率。

PART 4

果物之戀

口味多、餡料豐，
小農食材入餡大變身，
意想不到的黃金配方，
呈現淡雅動人的滋味。

在地小農食材入餡來

果乾自己烘，樂趣多元更澎湃。

麵包是西方人的主食，烘焙技巧也源自西方，因此，麵包餡料使用的食材大多是進口食材，例如蔓越莓、無花果、核桃、藍莓、紅莓、李乾、梅乾等等。

但隨著大家對環境及生態的重視，也對本土農民的支持，使用在地食材已成為風潮。我們也不必為了支持在地食材而故意捨棄好的進口食材，像核桃及許多堅果類，台灣並不生產，但其營養及美味無可取代，當然還是要用。至於台灣本土大量生產且品質良好的農產品，只要肯花心思，都可以拿來加入麵包，方法也不難。

麵包的餡料，若以它的功能性來說，簡略可以分為三種：第一是營養，第二是風味，第三是色彩。加入餡料的關鍵變因在於濕度，只要能掌控餡料的水分，在地食材幾乎都能加入麵包，就看要怎樣變化了。

Lesson Nine

◎餡料三重奏—營養、風味與色彩

第一重—營養

說到營養，由於麵包主體是麵粉加水組成，縱然是全穀物的麵包，也只是穀類的全營養，營養素比較單一，如果能加入其他餡料，就可以豐富營養素，入口時能攝取到更多養分，口感也更有變化。就好比吃飯一樣，吃糙米飯再營養也是米的全營養，因此要有配菜，營養更多樣，還能幫助食欲大開；就算不配菜，也要像日本人做壽司或手卷一樣，把食材跟飯包在一起，可以一口吃到較多食材，還讓人一口接一口呢。

如果單以營養為考量的食材，沒有搭配風味或色彩，就商業量販而言，難有利基，消費者常會因看不

到或聞不到而質疑到底麵包中是否真含標示中的食材。也因此，有許多食材含有豐富營養，卻很少被用來做麵包，道理就在此。除非是店家跟消費者之間已有堅固的互信，才會信任店家一定會按照配方比例真實呈現在標示上。

以台灣目前烘焙業競爭激烈的情況下，少有百年老店，互信基礎薄弱，因此要推廣這類食材比較困難。也讓許多營養素很高、但無濃味或顯色的在地食材無法經由烘焙業來推動。

縱然是全穀物的麵包，也只是穀類的全營養，營養素比較單一，如果能加入其他餡料，入口時能攝取更多營養，口感也更有變化。

第二重——風味

餡料的第二要素是風味。

人的六覺是眼、耳、鼻、舌、身、意。就料理而言，鼻的感覺相當重要，也就是聞得出的風味，廣告名詞說的一家烤肉萬家香，風味是可以穿透有形阻隔，啟動更多人的味覺感受，讓人忍不住想去看一下，甚至嚐一下。就像傳統的麵包店，使用大量酥油、奶油等油脂，經過高溫烘焙，散出濃濃的奶油香，讓人食指大動。或又如時下流行的莊園咖啡烘焙店，烘焙過程中，飄散出的咖啡香味，能吸引百公尺之外的過客聞香下馬，一探究竟。台灣的在地農產品中，有不少好風味的食材，像我們慣用的桂圓乾就是一例。取材自南投縣中寮鄉馬鞍崙蔡聰修農民所製作的桂圓乾，不只經過三次反覆炭烤烘焙，還得經過日曬，再以人工剝下果肉，乾燥程度國內罕見。

若以同樣的價格計算，他的果乾雖然會因水分減少而增加成本，但堅持傳統古法、不偷工的做法，讓桂圓在麵包中散發天然香醇的味道。尤其是經過日曬，更產生一種難以形容的

特殊風味，喜愛桂圓的人吃過之後，都會懷念那香醇的氣味。

另外麵包窯每年冬春交界時才會製作的柑橘麵包，用的是茂谷柑。

因為只有茂谷柑才有足夠的風味，在經過高溫烘焙後，還能透出淡雅經典的柑橘香。我們曾試過椪柑、海梨、柳丁，都因色彩及風味都太淡，加得量太多，反而影響麵團的結構和發酵；加的量少，完全無法顯現特色。唯有茂谷柑，只需適當的量，就能讓人在品嚐時，感受到清淡香氣。

不過，餡料散發的風味也最令人擔憂。大家都愛濃郁香味，消費者的味覺被寵壞，胃口越來越大。有些烘焙業者為了吸引更多買家，千方百計增加麵

包香氣，方法就是調高餡料比例，但餡料比例總有限制，到最後會超越天然方法，只好使用香精。如果使用天然提煉的香精還算好，就怕用的是工業合成的香精，雖然號稱是合法添加物，但非天然的添加劑，再合法都難以保證不會有問題。這個現象就出現在時下最流行的桂圓小蛋糕。一口咬下小蛋糕，口中馬上蹦出濃郁氣息，真的好香。我吃了幾口後，猛一驚覺，怎會這麼香？再想想，若是直接吃桂圓乾，並不會有如此濃郁感覺，若果乾比例只佔蛋糕的一成，竟然能香氣四溢，香味從何而來？如何產生？頓時就不敢再吃了。

台灣的在地農產品中，有不少好風味的食材，只需加入適量，散發淡雅香，就能引出麵包獨特的風味。

第三重——色彩

餡料最後一個要素就是色彩。聞香下馬是有距離的，眼見為憑則是近距離接觸，因色彩能觸動消費者的購買欲，或引發食欲，因此，餐廳上菜首重擺盤，可以幫菜餚加分。

麵包餡料也可以幫麵包加分，只要借重食材的天然顏色即可。例如南瓜，尤其是橙黃的日本栗南瓜（台灣菜市場俗稱東昇南瓜），連果肉顏色也一樣漂亮，蒸熟或烤熟後，加進麵團一起打，雖然化為無形，但橙黃色澤讓麵團變得更活潑，嚐來雖只有淡淡南瓜味，但顏色已挑起不少人的食欲。再如紫米，同樣有著米香，但將紫米高貴的紫色加進麵團中，麵包出爐後的紫色外表，讓人忍不住想偷嚐一口。其他如紅麴、綠茶粉等等，都可以讓麵團染出天然顏色，還帶有一抹天然風味，都是好用的食材，不需要退而求其次，使用香精或色素。

綜合以上，大家在思考要加什麼餡料時，邏輯模式就是前述三要素。必要的風味和顏色，會讓消費者第一眼看到色彩，並立即聞到食材的特色，雖然只是淡香，但氣息卻是雅緻的。至於營養，同樣要被應用，只是融入麵包後轉變成配角，因為加入麵團後，全然化為無影，看似跟原有麵團無異，比較難說服大多數消費者購買外表與香味都不特殊的餡料麵包。

在家做麵包也一樣，可以大膽設計自己想要的餡料，任何自己喜歡的蔬果都可入麵包，只要味道對了，就可以。

我試過蔬菜麵包，菠菜、紅蘿蔔、香菇、馬鈴薯等，凡經過蒸煮風味都不錯的蔬果，其實都能入菜。

至於要如何加入，水分是主要問題所在。如果能自己先烘乾蔬果，去除大半水分，利用直接丟入攪拌、拌好再混、整型後再包三種方法，就可享受在地口味的本土麵包。

另外，在家做麵包還擁有麵包店沒有的優勢，那就是可以做以多樣營養為目的麵包，不必在乎香味、色彩。所以，挑選喜歡的食材或新鮮蔬果，加水放進果汁機打碎，直接當水加麵粉揉成麵團就可。

要注意的是，蔬果都含有水分，以烘焙百分比計算水分時，大約可以調降15％到20％，做出來的麵包或許沒有誘人的色彩及香味，但是吃在嘴裡，知道它的營養，靠的是六感中的「意」囉！

只要喜歡的食材，甚至是新鮮蔬果都能加入麵包，方法就是加水放進果汁機打碎直接當水加麵粉揉成麵團。

◉烘焙水果大作戰

百變水果當內餡

我有一個住基隆的畫家朋友，長年生活在北部，又在公教家庭長大。去年有機會到中南部去玩，回到基隆後，他興奮的告訴我：「你知道嗎？白花椰菜也可以曬乾煮湯或做菜，味道真的棒！」那表情就像發現一個非常棒的新菜一樣。

記憶所及，那道菜是小時候生活清苦、農作生產過剩時，為了因應沒菜可吃的窘困，大人所想出來的菜色，是面對貧困不得已的方法。其實不只花菜可曬乾，菜豆也可以，許多水果都可以曬乾，像是芭樂乾、香蕉乾、桂圓乾、楊桃乾等等。

不過，也不是每樣水果都能曬乾，因為早年只靠日曬，不能保證天天都天晴，因此要發酵慢的水果才能曬乾。

像荔枝早年就沒法曬乾，因為荔枝太美味、太嬌嫩了，現採的若當天沒吃完，隔天就開始變黑，果肉剝下後，兩天沒曬乾就酸掉了，所以從小就沒吃過或聽過荔枝乾，直到近年因為烘製設備及技術提升，才有荔枝乾的出現。

乾果揉和麵包香

閒話少說。當開始摸索天然酵母麵包時，就想到要利用台灣本土食材當餡料。因為市面上老是標榜加了進口的藍莓、蔓越莓、無花果等水果乾，強調每樣都很營養跟健康，好似本土水果乾一點營養價值都沒有，根本不能拿來做烘焙材料。

其實，那是資本主義結構下的問題。因為歐美國農產品產量大，他們有龐大的政府及行銷體系支撐，為了賣出農產品，會花錢做想要的研究，引用研究報告讓消費者以為他們吃下更營養、更健康的食品。我們的農產品如有這樣的體制協助行銷，相信結果會一樣，大家就會多用本土食材做料理了。

既然要拿水果當麵包餡料，主要考量的就是水分，因此，最簡單的方法就是烤乾。要烘乾水果，日曬當然是最佳方法，因為太陽光含有我們未知的元素，凡是太陽曬過的食品，都有特殊風味。不過，現在的空氣汙染多，真要拿到屋外日曬，也擔心落塵裡的不明元素，何況都會裡也難有足夠空間可供日曬，所以，想日曬，除非是在鄉間，否則就算了吧。

要拿水果當麵包餡料，主要考量的就是水分，因此，最簡單的方法就是烤乾。

低溫烘烤保健康

烘乾水果第一個要考慮的是溫度，溫度高當然烤得快，溫度低相對就需更多時間。但製作食物，有時以快為目標不見得是好事，有許多理論認為高溫容易破壞蔬果內的酵素，低溫烘烤成為健康主流，因此，低溫長時間烘烤是烤果乾較佳的方法。

所謂低溫是幾度呢？

並非像冰箱裡的溫度一樣，而是相對低於一般烤焙攝氏100度以上的溫度，大約以攝氏65度為界，只要低於攝氏65度，就是好的低溫烤焙，比較不破壞食物裡的酵素。要烤麵包用的水果乾，也不必再花錢去買專業的烤焙機器，家用烤箱不但可以烤麵包，拿來烤焙水果也很好用。

其實，許多水果、蔬菜都可拿來烤乾，只是時間長短不一，大約都要烤上一天以上，千萬不要烤到全乾，目測大約剩兩成水左右即可，太乾，加入麵團不易操作，口感也不佳，更可能因此失去香味。

許多人會質疑，那到底要烤多乾，其實，同樣沒有一定標準。把水果、蔬菜烤乾加入麵團，主要原因是水果和蔬菜都飽含水分，如果切丁或刨絲加進麵團，會影響麵團水分，尤其低溫發酵時，水分會因滲透壓而

攝影：舞麥者

釋出，不僅難以拿捏麵團的水分比例，更會影響發酵品質，尤其靠近餡料的麵團會因含過多水分而無法發酵，做出發酵不均的麵包。

因此，蔬果烤焙主要是減低它們的水分，只要烤到外皮形成一個乾膜，摸起來乾潤即可。

許多水果、蔬菜都可拿來烤乾，只是時間長短不一，大約都要烤上一天以上，千萬不要烤到全乾，目測大約剩兩成水左右即可；溫度則低於攝氏65度，比較不破壞食物裡的酵素。

1．聖女番茄
只要清洗乾淨，直接鋪在烤架上，烤到約剩六成水分即可。

1

先用流動的水將番茄沖洗乾淨。

2

將番茄平鋪在烤網上面。

3

開始進行烘烤。

4

注意溫度不要高於攝氏 65 度即可。

5

約烤一天以上，烤到約剩六成水分即可。

攝影：舞麥者

2・香蕉

先將香蕉去皮，排列在烤架上直接烤，果肉會逐漸的變黑，烤到摸起來有點潤軟即可。

1

選擇全熟的香蕉。

2

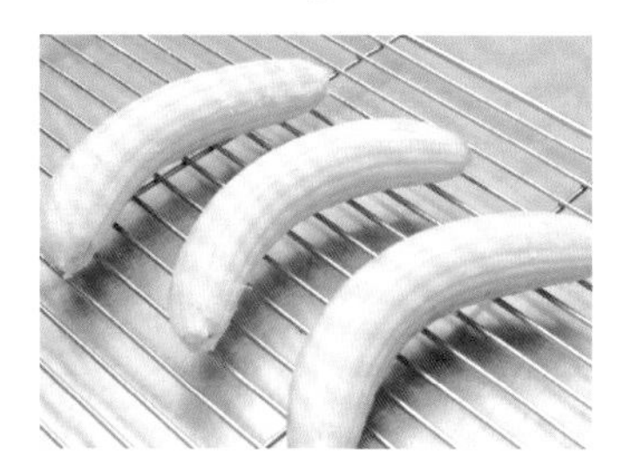

排列在烤架上直接烤。

3

攝影：舞麥者

烤到摸起來有點潤軟即可。

3・鳳梨

鳳梨去皮後切片，排在烤架上，放入烤箱，烤到外層乾了，但摸起來仍有濕度即可。

1

攝影：舞麥者

鳳梨去皮切片，放烤架上。

2

烤到外層乾，但仍有濕度即可。

和香草一起玩家家酒

香草油萃取，抗拒不了的清新味。

香草是很許多人喜愛的食材之一，不論是入菜或加入麵包，甚至是做成沙拉，有香草提味總是讓人食指大動。

舞麥窯草創之初，很想做香草佛卡夏麵包，看到美國麵包教科書中有香草油配方，覺得一定很夠味，就模仿著做，沒想到一試就成功，還隨著需求而調整配方，少掉了蒜頭，做出素食可食的香草油。

自製香草油真的很簡單，只要購買香草，不管是新鮮或是乾燥的，甚至是已調配好的，沒有一定限制。不過，新鮮的香草味道較濃郁，乾燥香草的風味較淡，因此，配方比例要因使用新鮮或乾燥香草而有所調整，需要自己去嘗試及調整，才能做出自己喜歡的味道。

使用乾燥香草當然方便，不過，迷迭香這類香草很好種植，只要去大型量販店買一、兩棵，換到大花盆栽種，就有新鮮的香草可用。

栽培迷迭香等香草也很容易，只有兩個秘訣。一是多日曬，二是少雨水。如果放在自家陽台，一定要朝東或西方，至少有半天的日曬，否則放到樓頂也可，日曬越長越好。不必擔心它們會因缺水而枯死，只要偶爾澆水即可。迷迭香怕太潮溼，根部容易腐爛，夏天則要每天澆水，其他三季，兩三天澆一次就可以。至於栽種的土，可以試做有機土。把家中挑下來的菜葉跟泥土，一層一層鋪好，最好上層是泥土，靜置一段時間，就能做出營養的有機土，並進一步培養出枝葉茂盛的迷迭香。

至於配方，可隨個人喜好而調整。如果使用乾燥香草，可以買已調配好的綜合義大利香草或普羅旺斯香草，要製作香草油之前，再摘下自種迷迭香的嫩芽一大把，如果沒有嚴格要求素食，可以加入壓破的蒜頭，要加些黑胡椒也可以，想要有點辣味，酌量加入辣椒也無妨。如果使用新鮮香草，比例重量可以減少些，香草油的香味就不會太濃。

> 栽培迷迭香等香草很容易，只有兩個秘訣。一是多日曬，二是少雨水。

VIRGIN OLIVE OIL
Physis
with herbs
Cholesterol free
NATIVES OLIVENÖL
OLIVE OIL

百變香草油DIY

1

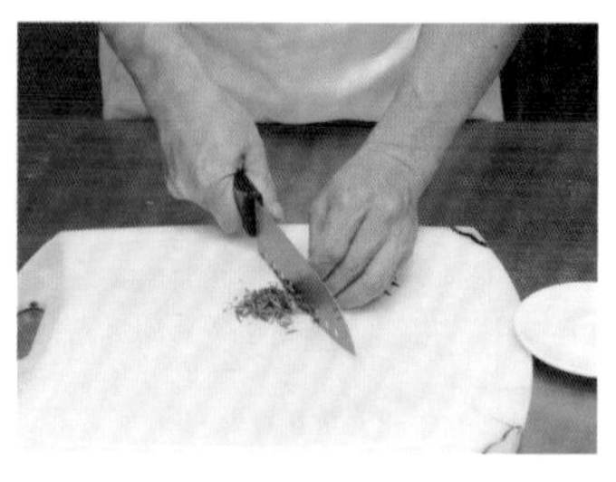

選擇喜愛的新鮮香草，切成細絲狀。

2

或者買一袋已調配好的普羅旺斯香草。

3

將橄欖油以小火煮至約45度，移出爐火，再將香草依比例倒入鍋中。

4

攪拌均勻後，靜置待涼即可。

攝影：舞麥者

美國的麵包教科書「The Bread Baker's Apprentice」的標準配方，是兩杯油對一杯香草，如果使用乾燥香草，就用1／3杯。看起來，好像乾燥香草的用量很少，其實，乾燥香草比較緊實，新鮮香草比較膨鬆，重量是有差異的。

至於香草種類，可加入迷迭香、巴西里、奧勒岡、荷蘭芹、龍蒿（茵陳蒿）、百里香、黑胡椒，比例都是各一分。其他，可隨著自己喜好，加入蒜頭3、4瓣，最後加一點鹽提味。最方便的就是去買一袋已調配好的普羅旺斯香草，就如上述的比例，半杯乾香草對一杯的油。材料準備好了，就開始製作香草油。首先把不鏽鋼鍋洗淨，倒入初榨橄欖油，開

小火，用烘焙用溫度計測油溫約45度，或用手測有點燙，就可把香草配方混入油中，攪拌均勻後關掉爐火，靜置待涼，就大功告成了。

完成的香草油可裝回橄欖油瓶，不過，因添加香草後的總量會增加，需預先多準備一罐空瓶填裝。冬天室溫存放即可，夏天則放冰箱中保存。香草油的用途相當多，除了製作麵包可以預先拌到麵團中，讓麵包散發濃郁香味，還可以拿來拌乾麵，做義大利麵時也可以派上用場。甚至要烤牛排等食材時，只要喜歡香草風味，都可以酌量添加，讓食物更具不同的迷人香氣。

製作香草油，可隨著喜好加入迷迭香、巴西里、奧勒岡、荷蘭芹、龍蒿、百里香、黑胡椒等，比例都是各一分，最後加一點鹽提味。

PART 5

烘焙之戀

來做麵包吧！
往麵包的國度出發，
種下親手作的愛苗，
變出值得回味的魔法麵包樹。

成品攝影：楊志雄
步驟攝影：舞麥者

南瓜起司麵包

蘊含陽光的甜美

南瓜，是來自大地的天然滋味，略帶奶油香氣的橘黃金橙，活力般的色調與厚實外觀，一眼就教人愛上。把南瓜當成主角，加入麵包之中，嚐起來層次更豐富，鮮甜飽滿又綿密的味道，散發淡雅香氣，吃了立刻產生幸福感。

南瓜肥厚的果肉富含營養素，蛋白質與脂肪含量低，卻吃得到滿滿的纖維，是最健康的食材。

備好料

高筋麵粉 420g、自磨雜糧粉 100g、水 400g、天然酵母 100g、蒸熟南瓜 200g、海鹽 8g、黑糖 28g、初榨橄欖油 17g、起司 220g

動手做

第一天

1. 翻養酵母，冬天要在開始拌料前約至少8小時翻養，夏天則至少要4小時。
2. 將起司以外所有材料倒入鋼盆中，攪拌搓揉成不黏手的麵團。
3. 將麵團移置桌上，反覆搓揉至光滑有彈性，如果黏手，就撒手粉，最後將麵團滾圓放置於密閉容器中，放進冰箱冷藏，低溫發酵一晚。

第二天

4. 從冰箱取出麵團放在室溫的桌上回溫並繼續發酵，室溫約25℃，約需3至4小時。
5. 桌上先撒一層高筋麵粉，並取出麵團放在桌上，再用手壓出麵團空氣。
6. 分割麵團，每塊約300g並滾成圓形。
7. 將起司包入麵團並整型，放在帆布或烤盤上，蓋上一層布防風，做第二次發酵，約1小時。
8. 打開烤箱開始預熱至200℃。
9. 在麵團表面輕劃一刀後，放進已經預熱的烤箱中，烘烤約25分鐘至表面上色。
10. 麵包出爐需靜置待涼約20分鐘，即可享用。

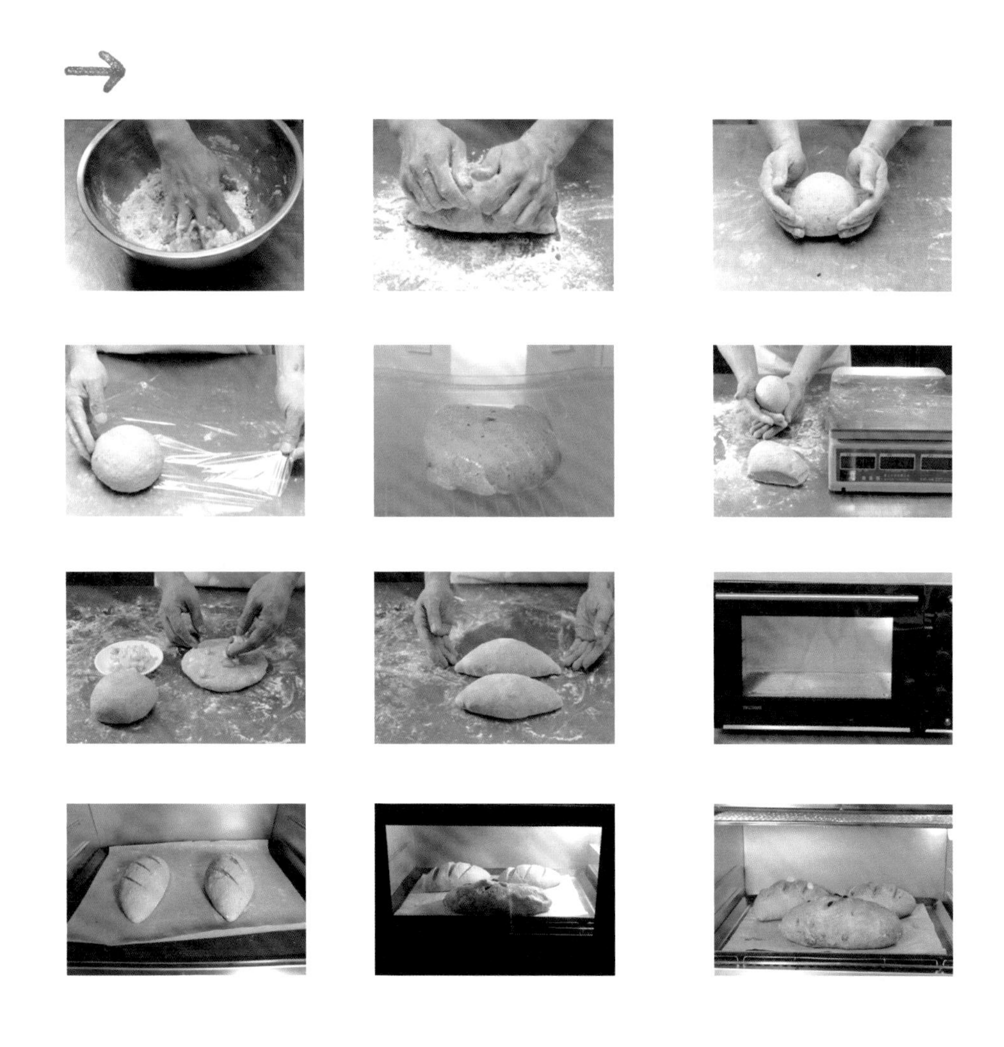

抹茶紅豆麵包

繽紛的色彩饗宴

抹茶與紅豆永遠是最佳拍檔。淡淡的、帶點草香的抹茶，與甜蜜、粒粒分明的紅豆，一起激發出成熟的味道，不會搶了主角麵包的風采，反而讓麵包更有個性。

麵包裡的蜜紅豆，不建議加太多，微甜鬆綿的紅豆有畫龍點睛效果，如果分量過多，嚐起來口味太重，適量即可。

備好料

高筋麵粉 510g、自磨雜糧粉 110g、水 415g、天然酵母 125g、海鹽 10g、黑糖 32g、初榨橄欖油 18g、抹茶粉 20g、蒸熟紅豆 200g

動手做

第一天

1. 翻養酵母，冬天要在開始拌料前約至少8小時翻養，夏天則至少要4小時。
2. 將紅豆以外所有材料倒入鋼盆中，攪拌搓揉成不黏手的麵團。
3. 將麵團移置桌上，反覆搓揉至光滑有彈性，如果黏手，就撒手粉，最後將麵團滾圓放置於密閉容器中，放進冰箱冷藏，低溫發酵一晚。

第二天

4. 從冰箱取出麵團放在室溫的桌上回溫並繼續發酵，室溫約25℃，夏天約2小時，秋天約3小時，冬天約4小時。
5. 桌上先撒一層高筋麵粉，取出麵團放在桌上，用手壓出空氣。
6. 分割麵團，每塊約300g並滾成圓形。
7. 將紅豆約50g包入麵團並整型，放在帆布或烤盤上，蓋上一層布防風，做第二次發酵，約1小時。
8. 打開烤箱開始預熱至200℃。
9. 在麵團表面輕劃一刀後，放進已經預熱的烤箱中，烘烤約25分鐘至表面上色。
10. 麵包出爐需靜置待涼約20分鐘，即可享用。

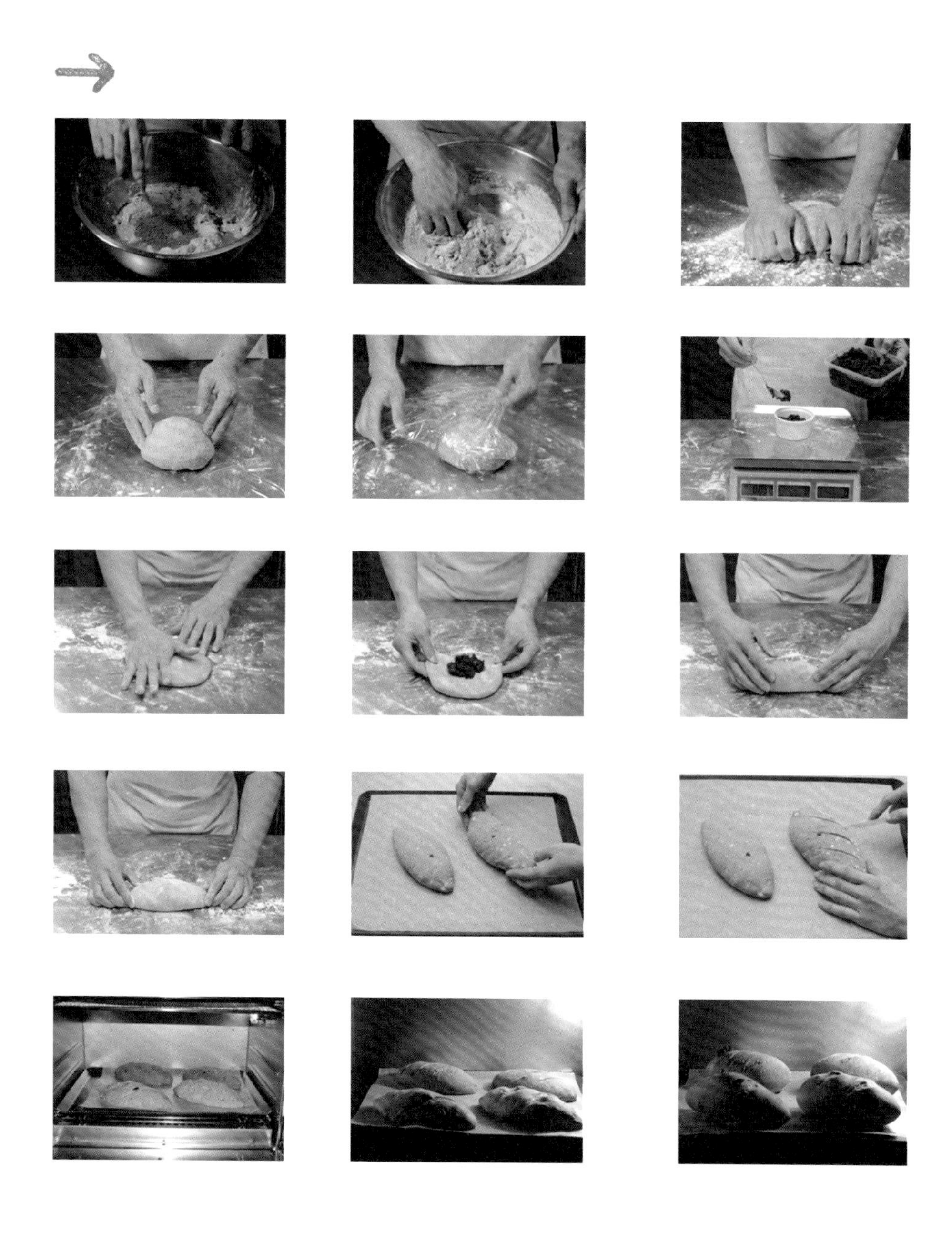

香蕉紅棗麵包

二部曲的大合唱

香蕉與紅棗一起變成麵包餡料，聽來有點奇妙，靈感其實來自老祖宗的健康智慧。

夠成熟的香蕉，澀味一掃而淨，尤其香蕉擁有豐富的鐵質，能提供礦物質如鉀離子等元素，軟潤香甜口感，老少咸宜。而味道甘美的紅棗，一直被視為燉補食材，兩者相輔相成，讓麵包能量更飽滿。

備好料

高筋麵粉 480g、自磨雜糧粉 120g、新鮮熟透的香蕉 2 根、水 220g、天然酵母 120g、海鹽 9g、黑糖 30g、初榨橄欖油 18g、去籽大紅棗適量

動手做

第一天

1. 翻養酵母，冬天要在開始拌料前約至少8小時翻養，夏天則至少要4小時。
2. 將紅棗以外所有材料倒入鋼盆中，攪拌搓揉至不黏手，新鮮香蕉切段加入一起揉拌。
3. 將麵團移置桌上，反覆搓揉至光滑有彈性後，最後將其滾圓放置於密閉容器中，放進冰箱冷藏，低溫發酵一晚。

第二天

4. 從冰箱取出麵團放在室溫的桌上回溫並繼續發酵，室溫約25℃，約需3至4小時。
5. 桌上先撒一層高筋麵粉，取出麵團放在桌上，用手壓出空氣。
6. 分割成每塊約300g並滾成圓型。
7. 將去籽並切成小塊的紅棗包入並整型，放在帆布或烤盤上，蓋上一層布防風，做第二次發酵，約1小時。
8. 打開烤箱開始預熱至200℃。
9. 在麵團表面輕劃一刀後，放進已經預熱的烤箱中，烘烤約25分鐘至表面上色。
10. 麵包出爐需靜置待涼約20分鐘，即可享用。

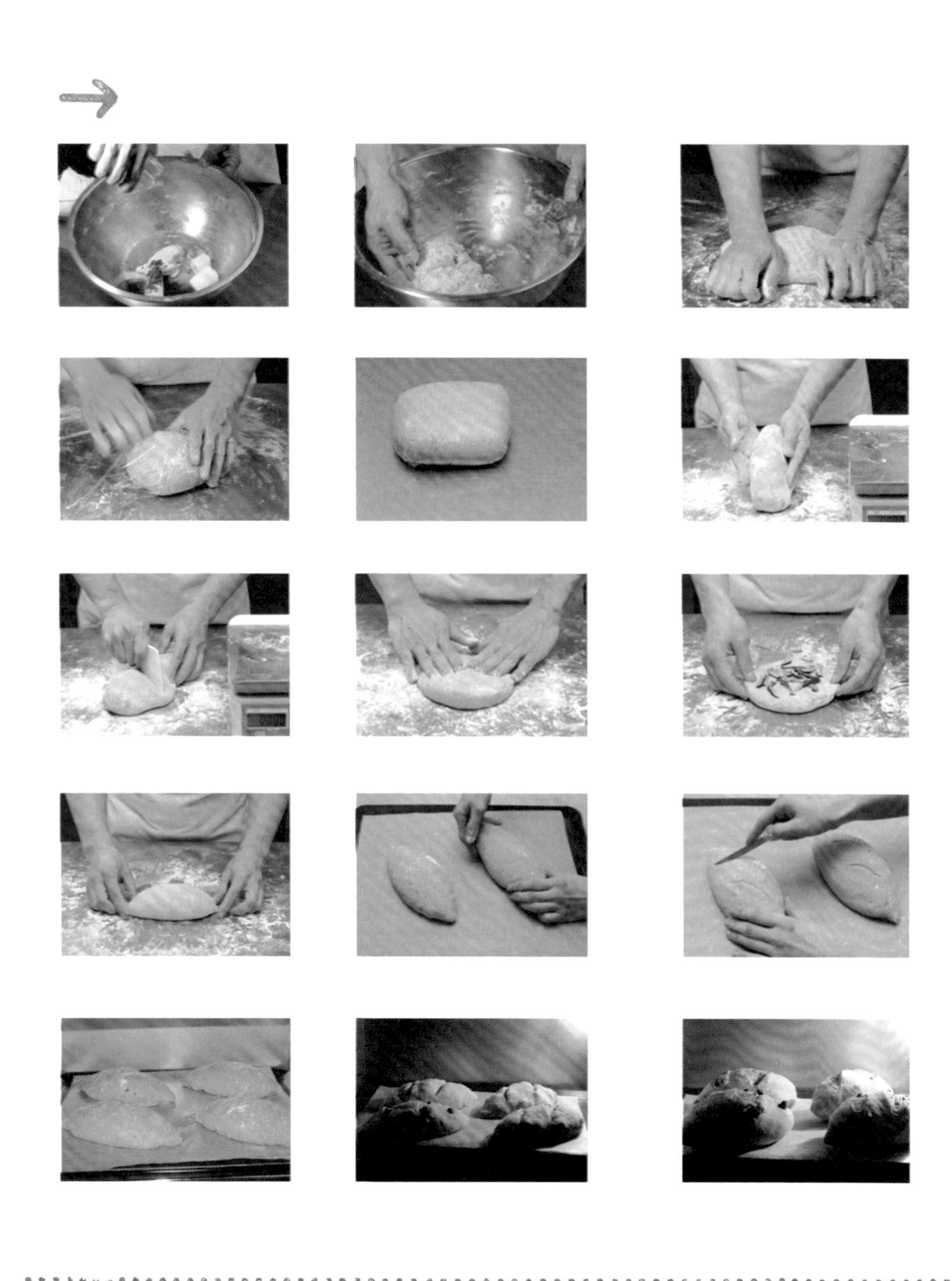

紫米地瓜麵包

充滿大地色彩的情詩

這是一款讓人百吃不厭的組合。紫米有「藥穀」之稱，其含有豐富的膳食纖維，可以促進腸胃蠕動是民間最好的補品。

而被喻為平民美食的地瓜，也是熱門的自然高纖食材，兩者結合成溫暖厚實的味道，食來健康又養生。

備好料

自磨紫米粉 300g、高筋麵粉 300g、水不放、天然酵母 120g、
海鹽 9g、黑糖 30g、初榨橄欖油 18g、香烤地瓜 160g

動手做

第一天

1. 翻養酵母，冬天要在開始拌料前約至少8小時翻養，夏天則至少要4小時。
2. 將地瓜以外所有材料倒入鋼盆中，攪拌搓揉成不黏手的麵團。
3. 將麵團移置桌上，反覆搓揉至光滑有彈性，最後將其滾圓放置於密閉容器中，放進冰箱冷藏，低溫發酵一晚。

第二天

4. 從冰箱取出麵團放在室溫回溫並繼續發酵，室溫約25℃，約需3至4小時。
5. 桌上先撒一層高筋麵粉，取出麵團放在桌上，用手壓出空氣。
6. 分割麵團，每塊約300g並滾成圓形。
7. 將地瓜約50～80g包入麵團並整型，放在帆布或烤盤上，蓋上一層布防風，做第二次發酵，約1小時。
8. 打開烤箱開始預熱至200℃。
9. 在麵團表面輕劃一刀後，放進已經預熱的烤箱中，烘烤約25分鐘至表面上色。
10. 麵包出爐需靜置待涼約20分鐘，即可享用。

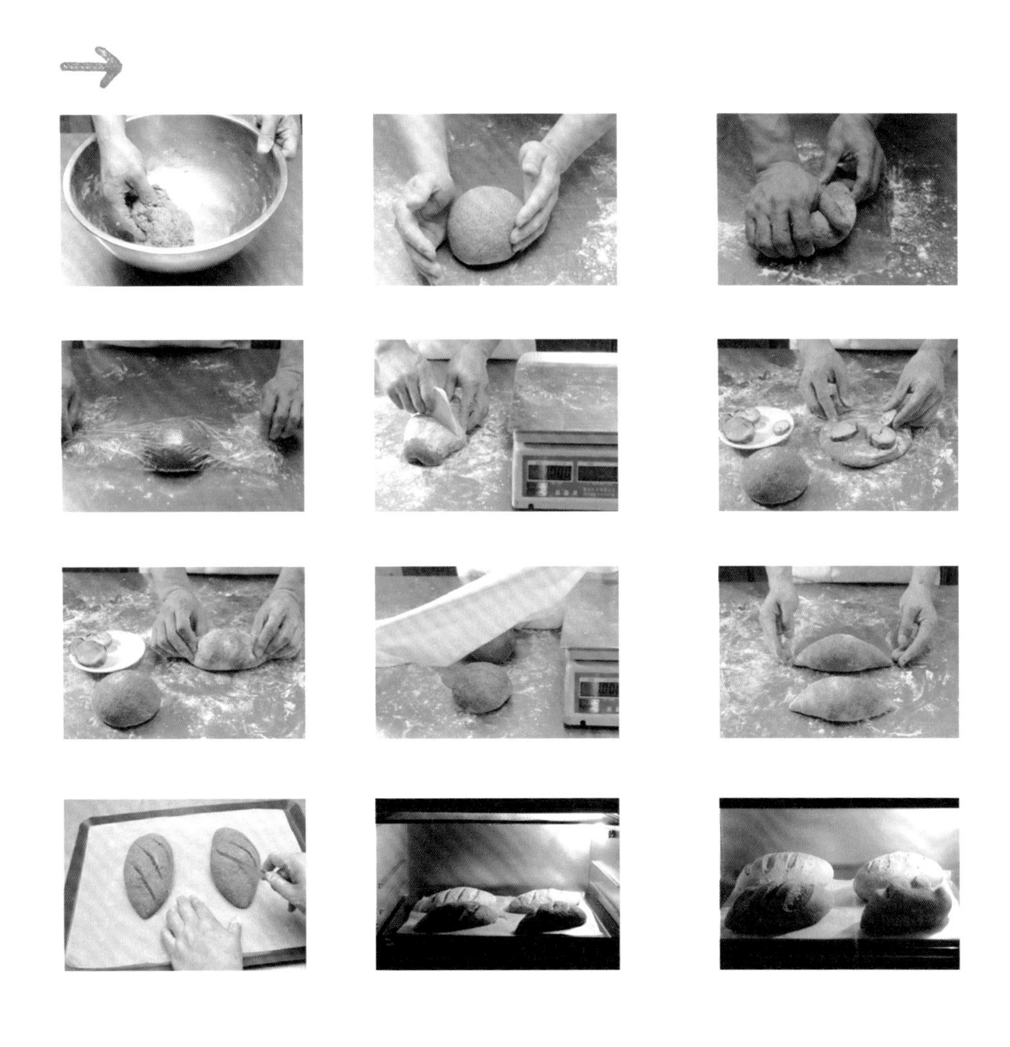

核桃桂圓麵包

香氣嘉年華派對

饒富獨特香氣的桂圓與核桃，動人滋味充滿金秋色彩。這款核桃桂圓蛋糕一出爐，等不及冷卻，就想一股勁往嘴裡送。

新鮮的麵包嚼勁十足，含在口中，緩緩釋放出桂圓煙燻味，微甜回甘教人陶醉；而核桃酥、乾、脆的乾果香氣迸跳而出，讓人彷彿沐浴在秋天的和風裡，堪稱是搭配意大利濃縮咖啡的極品。

備好料

高筋麵粉 450g、自磨雜糧粉 110g、水 355g、天然酵母 110g、海鹽 8g、黑糖 28g、初榨橄欖油 17g、核桃 70g（泡水備用）、桂圓乾 70g（泡水備用）

動手做

第一天

1. 核桃及桂圓乾加水泡軟備用。
2. 除核桃及桂圓乾外，所有材料倒入鋼盆中攪拌搓揉成不黏手。
3. 將麵團移置桌上，反覆搓揉，直至光滑有彈性，約20分鐘。
4. 壓平麵團，將瀝乾的核桃與桂圓乾平均鋪在上面，先對切後重疊再對切重疊，重覆操作直到餡料平均分布。
5. 將麵團滾圓，放在密閉容器中，送進冰箱冷藏，低溫發酵一晚。

第二天

6. 從冰箱拿出低溫發一晚的麵團，放置室溫中回溫並繼續發酵，室溫約25℃，約需3至4小時，視溫度調整時間，至麵團膨脹到約原來的1.2倍即可。
7. 桌上撒高筋麵粉，取出麵團放在桌上，用手壓出空氣。
8. 分割麵團，每塊約300g，滾成圓型，等候第二次發酵，時間約為1小時。
9. 靜置約半小時後，打開烤箱預熱至200℃。
10. 麵團表面用刀片輕劃一刀後，放進已經預熱的烤箱中，烘烤約25分鐘至表面上色。
11. 麵包先靜置待涼，約20分鐘再切開食用。

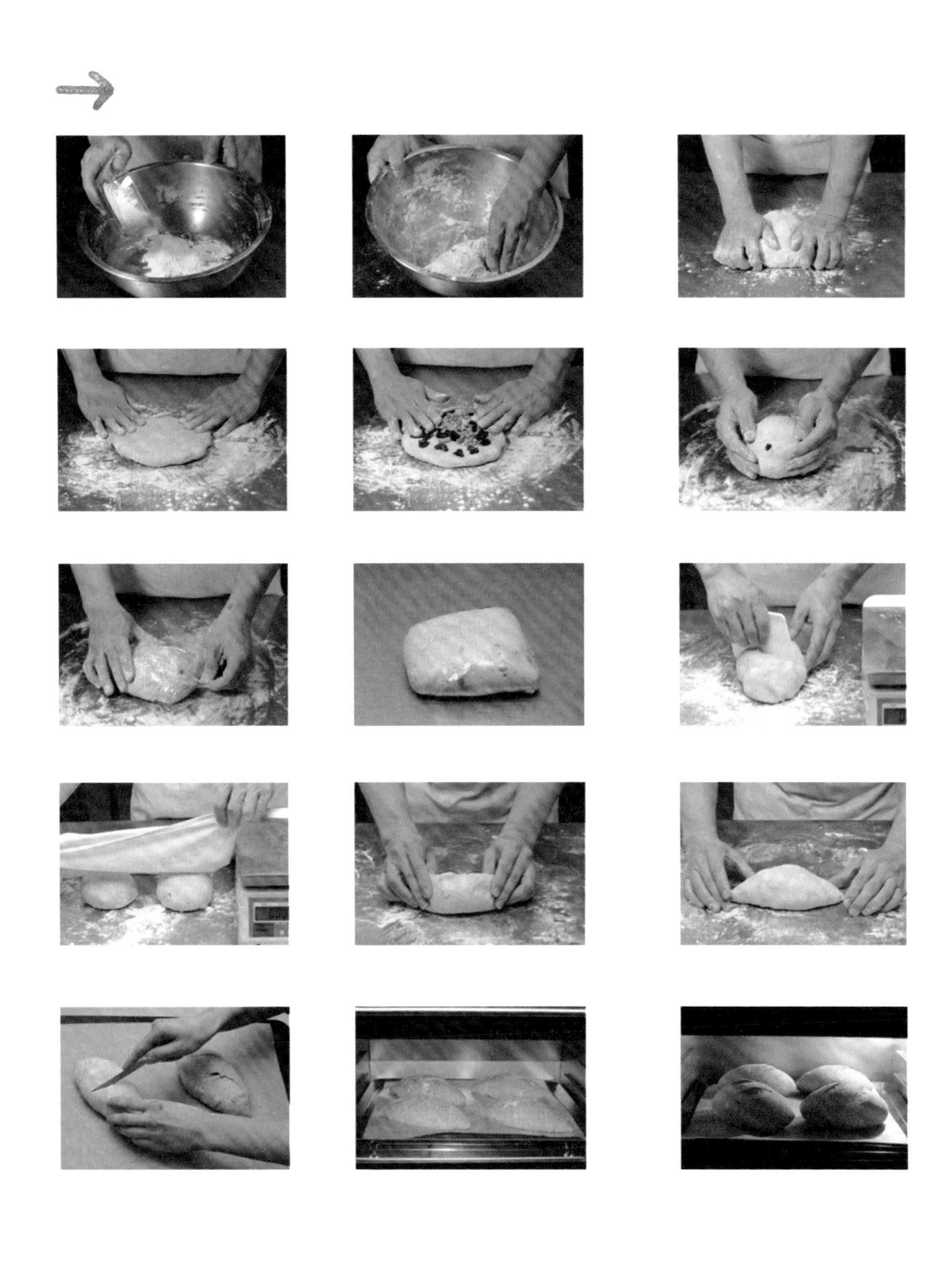

小麥全麥麵包

豔陽釀製的動人食事

百分百小麥全麥麵包是以全穀物製成，分量與營養皆滿分。

此款麵包看起來很質樸，反璞歸真的氣息非常溫暖，紮實口感越嚼越香，是來自大地的天然味道，任何人一旦嚐了一口，就成了它的俘虜。能幫助消化的全穀物麵包，最適合當作早餐，再搭配一杯香醇熱飲，精神元氣十足。

備好料

自磨全麥粉 320g、水 220g、天然酵母 65g、海鹽 5g

動手做

第一天

1. 翻養酵母，冬天要在開始拌料前約至少8小時翻養，夏天則至少要4小時。
2. 將所有材料倒入鋼盆中，攪拌搓揉至不黏手。
3. 把麵團移置桌上搓揉到有點Q度，約20分鐘。
4. 麵團滾圓放在密閉容器中，送進冰箱冷藏，低溫發酵一晚。

第二天

5. 從冰箱拿出麵團，放置室溫中回溫並繼續發酵，室溫約25℃約3至4小時。約膨脹到原來的1.2倍。
6. 第一次發酵完成，開始操作前，先在桌上撒一層高筋麵粉，取出麵團壓出空氣。
7. 麵團平均分割，每塊約300g滾成圓型、封口朝下，再靜置約10分鐘。
8. 將麵團翻面，封口朝上放置桌上，用手平壓並擠壓排出空氣後，從外側將往內摺，做成橄欖狀。
9. 整型後，以封口朝上方式放入撒上高筋麵粉的發酵籃中。
10. 麵團表面用刀片輕劃一刀後，放進預熱至200℃的烤箱中，烘烤約30分鐘至上色即可。
11. 出爐後靜置約20分鐘，即可享用。

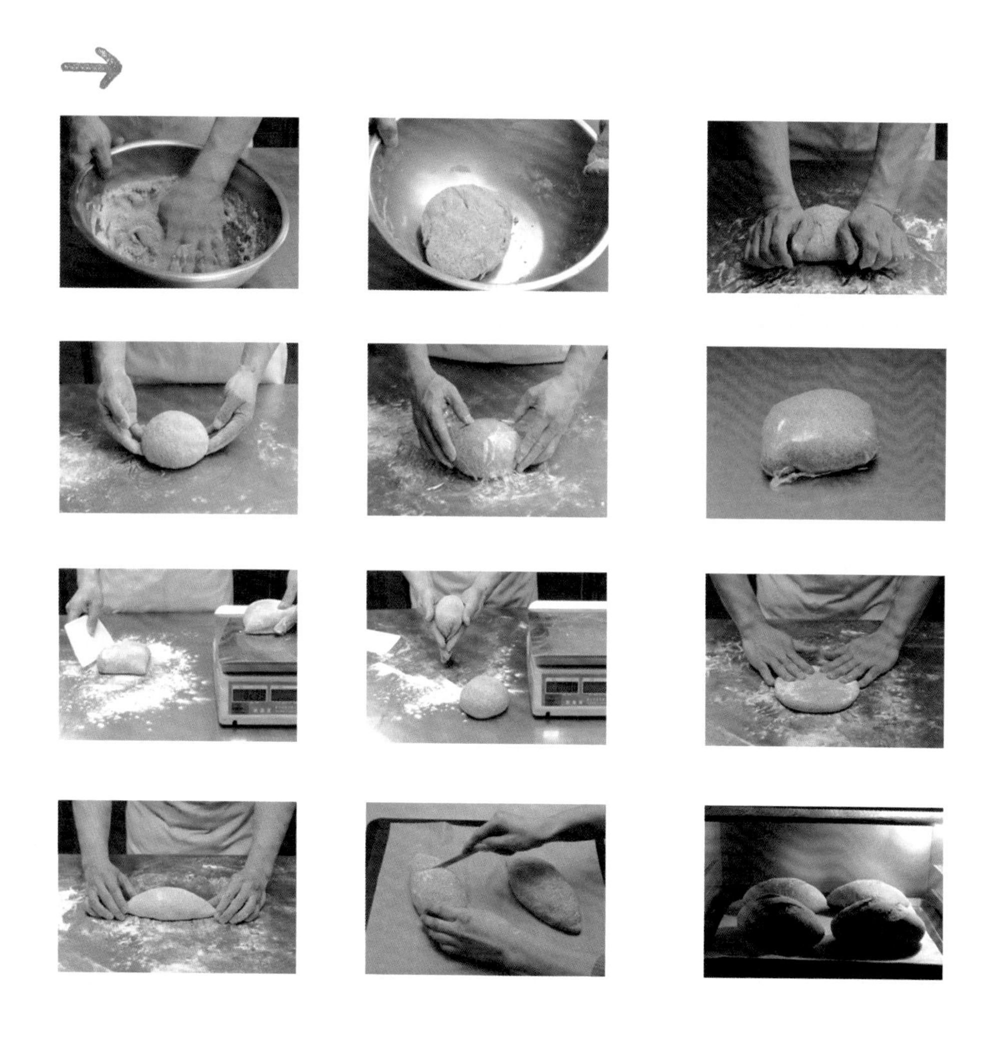

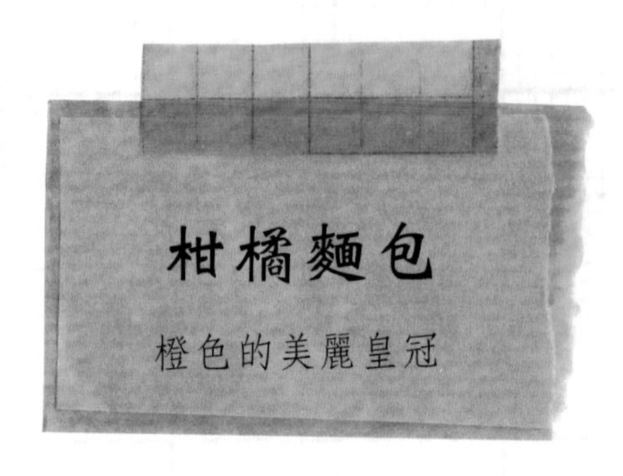

柑橘麵包

橙色的美麗皇冠

柑橘是一種具奇特酸味的水果，滿滿的纖維與果膠，加上具美容作用的微生素C，可說是養顏最佳食材。

把柑橘加入麵包中，柔順的口感帶著橘子酸酸甜甜的滋味，先是跳出麵粉香，接著散發水果層次分明的清新感，締造出神話般不可思議的美味。

備好料

高筋麵粉 495g、自磨雜糧粉 130g、新鮮柑橘肉 350g、水 100g、
天然酵母 125g、海鹽 9g、黑糖 31g、初榨橄欖油 18g

動手做

第一天

1. 翻養酵母，冬天要在開始拌料前約至少8小時翻養，夏天則至少要4小時。
2. 柑橘要先剝皮並去籽，取部分的皮洗淨切成細丁備用。
3. 將包含柑橘等所有材料倒入鋼盆中，攪拌搓揉至不黏手。
4. 將麵團移置桌上，反覆搓揉至光滑有彈性後，將麵團滾圓放置於密閉容器中，放進冰箱冷藏，低溫發酵一晚。

第二天

5. 從冰箱取出麵團放在室溫的桌上回溫並繼續發酵，室溫約25℃，約需3至4小時。
6. 桌上先撒一層高筋麵粉，取出麵團放在桌上，用手壓出空氣。
7. 分割麵團成每塊約300g並滾成圓形，放在帆布或烤盤上，蓋上一層布防風，做第二次發酵，約1小時。
8. 打開烤箱開始預熱至200℃。
9. 在麵團表面輕劃一刀後，放進已經預熱的烤箱中，烘烤約25分鐘至表面上色。
10. 麵包出爐需靜置待涼約20分鐘，即可享用。

香草綠橄欖麵包

跳躍的草原精靈

橄欖果實屬於鹼性食品，富含對人體健康有益的橄欖多酚，除油膩、開脾胃、促進食慾，好處很多。

想要烘焙這種風味麵包，不必大費周章，只要將綠橄欖放進麵包裡，再加上宛如魔法師的迷人香料，扮演靈活配角卻不搶麵包風采，是一款會讓人綻放笑容的極品。

備好料

高筋麵粉 270g、自磨雜糧粉 30g、水 210g、天然酵母 60g、海鹽 6g、
香草橄欖油 30g、油漬綠橄欖數顆

動手做

第一天

1. 綠橄欖先去籽，切成細長條備用。
2. 除了綠橄欖，將所有材料倒入鋼盆中，攪拌搓揉成不黏手的麵團。
3. 把麵團移置桌上，反覆搓揉至光滑有彈性。
4. 將麵團滾圓放置密閉容器中，並放到冰箱裡低溫發酵一晚。

第二天

5. 將麵團由冷藏室拿出，回溫並再次發酵，室溫約25℃，約需3至4小時，至麵團膨脹到約原來的1.5倍大。
6. 取出麵團，用手壓出空氣，分割秤重約125g，整型成圓型，攤開再加入切好的綠橄欖。
7. 這個麵團比較濕軟，適合放烤模裡做第二次發酵，等候發酵時要蓋上一塊布，防止被風吹乾，時間約需1小時。
8. 烤箱打開預熱至200℃。
9. 將烤模放到烤盤上，直接放進已經預熱的烤箱中，烘烤約20分鐘至表面上色。
10. 如果不確認是否已烤熟，拿烘焙用溫度計插入麵包，只要超過95℃就確認熟了。
11. 靜置約20分鐘，涼了且保有一點餘溫，好切又好吃。

核桃葡萄麵包

元氣飽滿快樂頌

用手撥開核桃葡萄麵包，滿溢的馨香之氣，如同來自神秘國度的邀約，心神馬上飄進麵包愛的懷抱裡。

核桃遇上葡萄，就成為簡單美味的甜蜜好味。堅果與麵粉融合的魔力麵團，加上蜜糖色的葡萄乾，經過香噴噴的烘焙，原來，親手做麵包是一種無可取代的成就感。

備好料

高筋麵粉 450g、自磨雜糧粉 110g、水 365g、天然酵母 115g、
海鹽 8g、黑糖 28g、初榨橄欖油 17g、核桃 70g、葡萄乾 70g

動手做

第一天

1. 核桃及葡萄乾加水泡軟備用。
2. 除核桃及葡萄乾外，所有材料倒入鋼盆中攪拌搓揉至不黏手。
3. 將麵團移置桌上，反覆搓揉，直至光滑有彈性，約20分鐘。
4. 麵團壓平擠出空氣，將瀝乾的核桃與葡萄乾平均鋪在上面，先對切後重疊再對切重疊，重覆操作，直到餡料平均分布。
5. 將麵團滾圓，放在密閉容器中，送進冰箱冷藏，低溫發酵一晚。

第二天

6. 從冰箱拿出麵團，放置室溫中回溫並繼續發酵，室溫約25℃，約需3至4小時，適溫度調整時間，至麵團膨脹到約原來的1.2倍即可。
7. 桌上撒高筋麵粉，取出麵團放在桌上，用手壓出空氣。
8. 分割麵團，每塊約300g，滾成圓型，第候第二次發酵，約1小時。
9. 麵團靜置約半小時後，打開烤箱預熱至200℃。
10. 在麵團表面上輕劃一刀，放進已經預熱的烤箱中，烘烤約25分鐘至表面上色。
11. 取出麵包先靜置待涼，約20分鐘再切開食用。

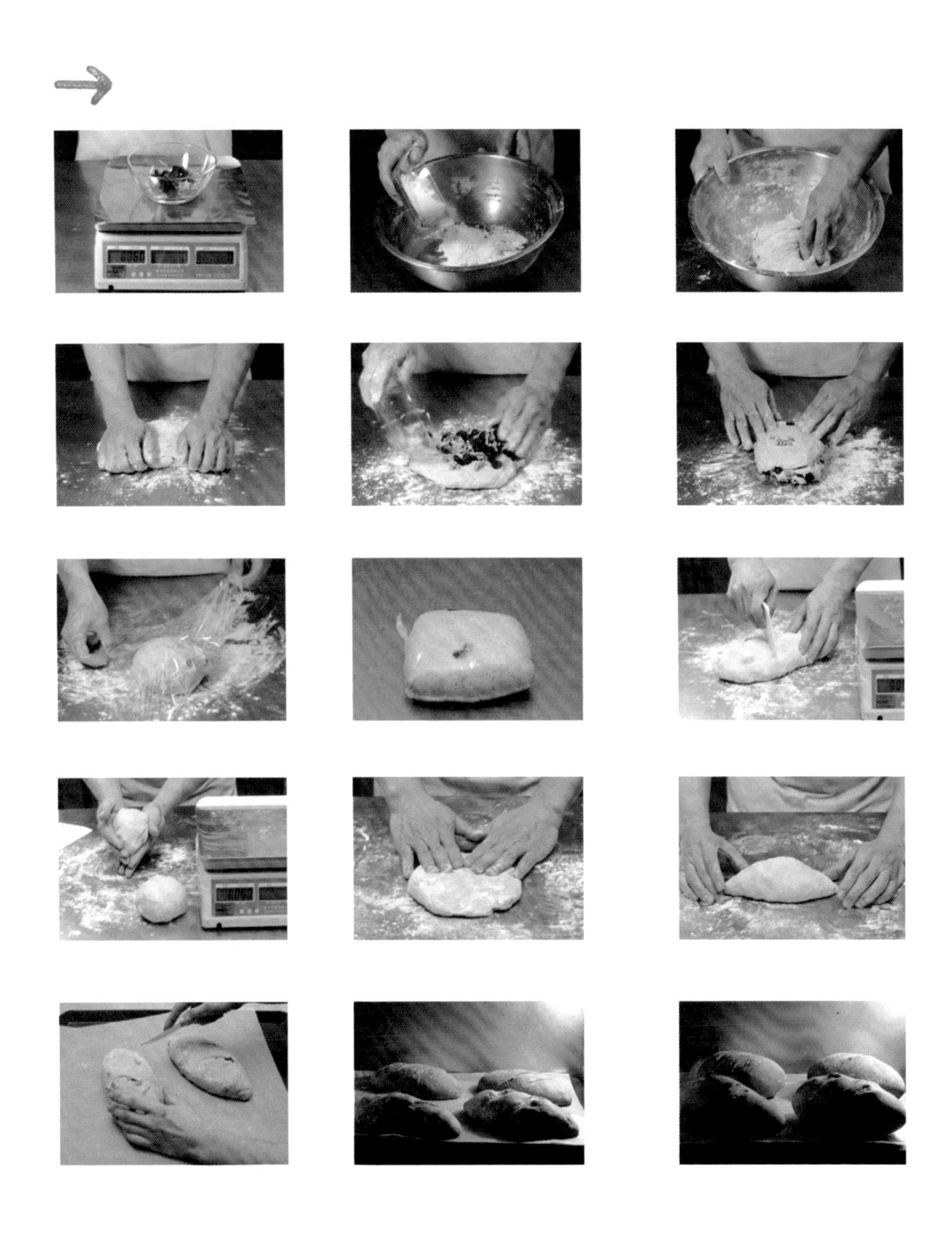

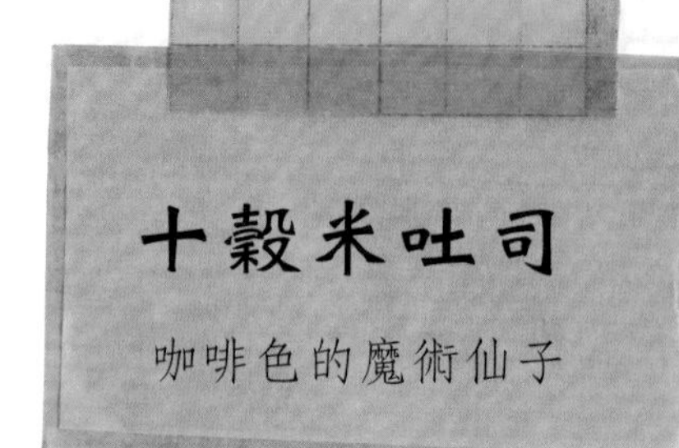

十穀米吐司

咖啡色的魔術仙子

喜愛養生食物的人，一定得試著挑戰這款麵包。十穀米的營養價值不用多說，其包含糙米、小米、小麥、黑糯米、紅薏仁、蕎麥、芡實、燕麥、蓮子、麥片等豐富內涵，味道樸實自然。

出爐後的麵包有脆脆的外皮和富彈性的內在，透出淡淡米麥香，令人忍不住食指大動。

備好料

自磨十穀米粉 210g（可用高效能果汁機如 vitamax 等製作）、高筋麵粉 200g、水 220g、天然酵母 85g、海鹽 6g、黑糖 21g、初榨橄欖油 12g

動手做

第一天

1. 翻養酵母，冬天要在開始拌料前約至少8小時翻養，夏天要4小時。
2. 將所有材料倒入鋼盆中，攪拌搓揉至不黏手。
3. 把麵團移置桌上搓揉到有點Q度即可，約20分鐘。
4. 把麵團滾圓放在密閉容器中，送進冰箱冷藏，低溫發酵一晚。

第二天

5. 從冰箱拿出麵團，放置室溫中回溫並繼續發酵，室溫約25℃約3至4小時。約膨脹到原來的1.2倍。
6. 第一次發酵完成，開始操作前，先在桌上撒一層高筋麵粉，取出麵團壓出空氣。
7. 因為這個是一顆吐司的分量，因此將麵團滾成圓形、封口朝下，靜置約10分鐘。
8. 將麵團翻面，封口朝上，用手平壓擠壓出空氣，再整成長方形，捲成像蛋糕捲一樣。
9. 將整型成蛋糕捲的麵團，封口朝下放入吐司盒中。
10. 烤箱打開預熱至200℃，烘烤約30分鐘至上色即可。
11. 出爐後靜置約20分鐘，即可享用。

PART 6

磚窯之戀

堅持繁瑣費工的做法，
用愛與信心一步步實現，
從磚塊到磚窯的努力，
創造出夢想中的麵包。

滋養麵包的搖籃

磚窯的誕生，夢想終於成真。

我常說我家的麵包不只是窯烤。因為，健康的麵包利用最單純的食材，加上自家培養的野生天然酵母就有八十分的水準，但窯烤是麵包烘焙的另一種極致追求，可以加分到九十分，甚至九十五分（至於一百分就不必了，因為追求最後百分百極致完美，常是變成不健康美食的關鍵。）而且，窯烤效果對野生天然酵母麵包更是一大助益。

追求自然，就不會想用太複雜的東西，從原本要做饅頭，摸索到做麵包，從小小的家用電烤箱到半板的半專業烤箱、一板兩層烤箱，最後在電烤箱裡加了石板，就為了烤焙出歐式麵包特有的風味及口感。

窯烤麵包變王道

是的！就是為了追求歐式麵包的特有風味，我開始注意到麵包窯，從埃及時代以來就不斷演進的麵包窯，最後成為烤焙麵包的終極武器。在閱讀書籍及資料之後，發現原來現代最精進的電烤箱要噴蒸汽、加石板，為的是模仿窯烤質感，因為窯烤不但有厚實的窯壁封住水氣，還有柴燒後火紅木炭的遠紅外線，烤焙過程是半蒸半烤，最適合含水比例較高的野生天然酵母麵團操作，這才頓悟到，原來「窯烤才是王道」。有了初相遇，對於麵包窯的資訊特別敏感，想要尋找箇中原

理。恰巧，剛好讀到有美國烘焙教科書美稱的「The Bread Baker's Apprentice」，看到紐約有家知名窯烤麵包店，店裡的麵包窯要前一天升火，第二天就可以從上午烤焙麵包及點心到下午約8小時，保溫效果極佳。

書中大大稱讚那座麵包窯的設計及建造者Alan Scott，因此，Alan Scott這個名字就烙印在心中，心想，不知那天才有機會能親炙大師風采。

窯烤有厚實窯壁封住水氣，還有柴燒後火紅木炭的遠紅外線，過程是半蒸半烤，最適合含水比例較高的野生天然酵母麵團。

與砌窯大師初相逢

與 Alan Scott 初相逢。

攝影：舞麥者

人生因緣真是天註定。我上網搜尋Alan Scott，當然是資料無數，最重要的是，找到他個人工作室的網頁，上面留有電郵地址。還好輔大英文系夜間部讀了四年，上課聽不到中文的磨鍊及畢業要交一篇英文短論文的訓練，畢業十多年後，我還能寫一封信向他請教。

說來真是有緣。生性節儉的他，原先對於付費網路的開銷相當在意，恰巧，那段時間他居住的奧特蘭鎮有電信促銷，提供低價的網路連接費用，他剛好申請Skype，我們才可以在限定的時段裡，千里之外進行溝通。個性直爽、樂於助人且熱心推廣麵包窯的Alan Scott，不但歡迎我前往他的家鄉拜訪他，願意教導築窯的小秘訣，還願帶我拜訪他所築造的麵包窯，甚至願意扮演推薦者的角色，請其他店家（他幫這些店家築窯）接待我，讓我全程觀摩。眼見機會難得，我馬快上網訂機票，展開四十多歲才有的背包客處女行。轉了兩次機，抵達塔斯馬尼亞機場時，Alan Scott 和他的台灣籍太太早已在機場等我，我下機就直接住進他家。短暫的拜訪行程，高齡七十一歲的 Alan Scott，親自開車帶我去參觀一家中型的麵包「工廠」和一家小型家庭式的麵包工作室。

最後還去買了全麥麵粉，借用麵包工作坊自養的野生天然酵母，就在家裡示範如何做全麥麵包。

當然啦，他家後院就有一座約可以烤12顆600公克重麵團的麵包窯，從升火、移動火堆、窯壁變白到最後均溫及進爐，他都熱心仔細指導。

到澳洲觀摩其他窯烤麵包場。

Alan Scott 自己擁有一座麵包窯。

攝影：舞麥者

1 決定實現夢想，開始砌窯打底的工作。

2 磚窯的底座已成形。

3 開始灌水泥基座。

4 開始小心翼翼的砌磚。

結束一段「奇緣」（因為Alan Scott在兩年後就過世了），更加堅定我要蓋一座窯的決心。只是要蓋多大，倒是衡量許久，最後考慮到未來要量產，在諮詢過Alan Scott後，決定蓋一座內壁深2.1公尺、寬1.2公尺的磚窯。

許多人這時都會問，蓋麵包窯難不難？說實話，真的很簡單。Alan Scott還特地提醒，千萬不要雇用資深的泥水匠，因為他們的習慣動作，會造成爐壁水泥成分不均布，受熱後各部分爐壁膨脹不一，最後會導致爐壁龜裂，嚴重的

5

已可見到初步磚窯的樣貌。

6

我也加入砌窯行列。

7

雛型終於完成。

8

攝影：舞麥者

大工告成。

就要打掉重做。

說真的，如果想自己摸索蓋窯，可以去買Alan Scott與人合著的「The Bread Builder」，裡面就有蓋麵包窯的基本說明，相當詳細。有泥水概念的人，就可以自行築造，國內不少人就是看那本書摸索著蓋出自己的窯。

麵包窯和披薩窯大不同

窯的好壞，不外乎爐內對流及保溫效果。所謂對流，就是升火時的空氣對流及柴火溫度能均布在爐內各處。麵包窯只有單一開口（法國普瓦蘭的麵包窯是另一種白窯，分兩層，柴火在下層燒，火舌透過兩層中間的一個孔往上竄到上層），燒柴時，進氣和排氣都在同一出口，加上爐內空間大，若對流不佳，不但升火時會因燃燒不完全而產生濃煙，也會因對流不佳，造成爐內不均溫，烤出的麵包差異變大。

所謂保溫效果，就是能將燒柴產生的熱能蓄留在爐壁，慢慢釋出熱能以烤焙麵包或甜點。披薩窯可以是迷你、壁薄，麵包窯一定要有厚實的窯壁來蓄積熱能；披薩利用明火烤焙，當爐內還有炭火時放進披薩，溫度高達攝氏350度以上，瞬間將餡料及餅皮烤熟。而麵包窯是升火到達需要的溫度後，關閉爐門，讓爐內各處均溫。麵包要進爐前，要先清除爐內餘炭及灰渣，並用濕拖把清理爐面，再烤麵包。當麵包一進爐，就開始考驗麵包窯的優劣，如果窯溫陡降，顯示保溫效果不佳，不但烤不出好麵包，產能也有限。因為溫度下降太快，烤了三批麵包後，就會因溫度過低不能再烤。以Alan Scott設計的麵包窯為例，除了最內層的耐火磚外，還有厚厚的保溫層及隔熱層，爐壁厚度將近一公尺，為的就是蓄積熱能。不過，窯再好，烘焙出來的麵包，也不會像電烤爐那樣烤出幾乎一模一樣的標準化麵包。同一爐的麵包，也會因為位置不同而有些微差異，不同批出爐的差異更多，不同天出爐的差異就不在話下。這是手工的差異，也是手工麵包的樂趣。最後，許多人都會問，窯烤麵包要怎麼吃及保存。最好吃的時刻，當然是出爐後約半小時，不是剛出爐喔。吃的時候一定要切片吃，不要像吃一般麵包那樣，拿著就咬，窯烤麵包的特點是外層的脆皮，切片吃會更優雅、更美味。

窯烤麵包出爐半小時後最好吃，尤其是切成一片一片吃，更能嚐到酥脆的外皮與濕潤內部。

舞麥！麵包師的12堂課

作　　　者　張源銘（舞麥者）
攝　　　影　楊志雄
編　　　輯　吳嘉芬
校　　　對　鄭婷尹、吳嘉芬
美術設計　潘大智
封面設計　曹文甄

發 行 人　程安琪
總 策 畫　程顯灝
總 編 輯　呂增娣
主　　　編　翁瑞祐、羅德禎
編　　　輯　鄭婷尹、吳嘉芬
美術主編　劉錦堂
美術編輯　曹文甄
行銷總監　呂增慧
資深行銷　謝儀方
行銷企劃　李　昀

發 行 部　侯莉莉
財 務 部　許麗娟、陳美齡
印　　　務　許丁財
出 版 者　橘子文化事業有限公司

總 代 理　三友圖書有限公司
地　　　址　106台北市安和路2段213號4樓
電　　　話　(02) 2377-4155
傳　　　真　(02) 2377-4355
E-mail　service@sanyau.com.tw
郵政劃撥　05844889 三友圖書有限公司

總 經 銷　大和書報圖書股份有限公司
地　　　址　新北市新莊區五工五路2號
電　　　話　(02) 8990-2588
傳　　　真　(02) 2299-7900

製　　　版　興旺彩色印刷製版有限公司
印　　　刷　鴻海科技印刷股份有限公司

初　　　版　2017年06月
定　　　價　新台幣300元
ISBN　978-986-364-104-9（平裝）

國家圖書館出版品預行編目 (CIP) 資料

舞麥！麵包師的 12 堂課 / 張源銘（舞麥者）著. --
初版. -- 臺北市：橘子文化, 2017.06
面；　公分

ISBN 978-986-364-104-9 (平裝)

1. 點心食譜 2. 麵包
427.16　　　106008777

下課嚕！